U0384481

环境工程设计

黄建洪　田森林　赵　群　史建武　李　彬　等编著

中国环境出版集团·北京

图书在版编目（CIP）数据

环境工程设计/黄建洪等编著. —北京：中国环境出版
集团，2023.7
ISBN 978-7-5111-5531-3

Ⅰ. ①环… Ⅱ. ①黄… Ⅲ. ①环境工程—设计
Ⅳ. ①X505

中国国家版本馆 CIP 数据核字（2023）第 100708 号

出 版 人　武德凯
责任编辑　孔　锦
封面设计　岳　帅

出版发行　中国环境出版集团
　　　　　（100062　北京市东城区广渠门内大街 16 号）
　　　　　网　　址：http://www.cesp.com.cn
　　　　　电子邮箱：bjgl@cesp.com.cn
　　　　　联系电话：010-67112765（编辑管理部）
　　　　　　　　　　010-67112735（第一分社）
　　　　　发行热线：010-67125803，010-67113405（传真）
印　　刷　北京中科印刷有限公司
经　　销　各地新华书店
版　　次　2023 年 7 月第 1 版
印　　次　2023 年 7 月第 1 次印刷
开　　本　787×960　1/16
印　　张　12.5　插页 11
字　　数　210 千字
定　　价　60.00 元

【版权所有。未经许可,请勿翻印、转载,违者必究。】
　　如有缺页、破损、倒装等印装质量问题,请寄回本集团更换。

中国环境出版集团郑重承诺：
中国环境出版集团合作的印刷单位、材料单位均具有中国环境标志产品认证。

前　言

随着国家对生态环境保护事业的日益重视，环境工程专业人才的社会需求越来越大。环境工程设计作为环境工程本科专业的重要基础课程，在培养学生运用环境工程知识解决实际工程问题，特别是培养学生掌握环境污染治理工程设计能力方面发挥着重要作用。本书的出版，旨在为高等院校环境工程专业本科生提供环境工程设计基础知识学习与工程设计制图能力训练等，为实现《高等学校本科环境工程专业规范》所提出的环境工程专业人才培养目标提供一点帮助。

我国生态环境保护事业经过几十年发展，取得令人瞩目的成就，形成了较为完善的环境保护制度，各种环保技术的工程应用逐渐成熟，水、大气、噪声、固体废物、土壤、生态等领域的治理工程应用业务越来越多。与此同时，社会对环境工程本科生的就业要求也与时俱进，不仅要求学生掌握环境工程专业知识的应用，而且希望学生就职后能快速加入工程设计项目并独立完成相关任务。本书根据编者从事的环境工程设计的经验，结合近几年在环境工程本科课程设计与毕业设计中发现的问题，基于环境工程设计课程教学改革心得，编写完成。本书试图为环境工程专业本科生掌握环境工程设计基础知识和绘图技能提供一本适合的教材，以适应新时代背景下的环境工程专业教学需求。

本书分三篇共 7 章，是在参考诸多学者文献资料的基础上，结合编者多年从事环境工程设计与工程咨询业务过程的一些体会，将本科生毕业后在工作中最常用的一些环境工程设计基础知识编入本书作为理论教学内容，其余部分则是针对培养学生工程制图能力而设置的实践教学内容。因此，本书结构为：第一篇为环境工程设计基础，包括第 1 章绪论：环境工程设计范围和内容、环境工程设计基本原则与特点；第 2 章环境工程设计程序与前期工作：环境工程设计步骤、前期工作所需资料；第 3 章工艺流程与总平面布置设计：工艺流程图设计、厂址选择、总平面布置图设计；第 4 章环境工程项目概算与经济评价：环境工程项目概算、环境工程工程量清单、环境工程经济评价。第二篇为 AutoCAD 与 SketchUp 基础与实例操作，包括第 5 章 AutoCAD 基础知识：图形界限与图层、常用绘图命令、常用修改命令、常用标注命令；第 6 章 SketchUp 基础知识：基本工具、绘图工具、编辑工具、高级工具、SketchUp/V-Ray 材质。第三篇为环境工程设计综合能力训练，包括第 7 章环境工程设计综合训练：污水处理工程设计、烟气除尘脱硫工程设计。建议本书在环境工程本科教学时长按理论教学 1/3，实践教学 2/3 的比例进行。除了作为教材，本书也可作为从事环境污染治理工程设计人员的实用性技术参考书。

参加本书编写的人员：第 1 章田森林、阳耀熙；第 2 章赵群、谢鑫；第 3 章史建武、李彬；第 4 章黄建洪、林益超、黄玥娜；第 5 章黄建洪、赵云鸽、杨顺富；第 6 章黄建洪、舒俊宇、作建芬、朱彬；第 7 章黄建洪、舒俊宇、颜溪鸣。参与本书编写的人员还有董泽靖、司美艳、付和成、张亘、程明豪、钟重全等。

本书编写过程中参考了诸多文献资料，本书的出版得到了昆明理工大学环境科学与工程学院教改项目资助，编写过程得到了学院曾和平、邓春玲、王君雅、王昭然等老师的指导，中国环境出版集团孔锦编辑对本书撰写提出了宝贵建议，在此一并表示诚挚的感谢。

由于作者经验不足、水平有限，书中难免存在不足与疏漏，敬请读者批评指正。

编　者

2022 年 12 月 8 日

目　录

第一篇　环境工程设计基础

第二篇　AutoCAD 与 SketchUp 基础与实例操作

第三篇　环境工程设计综合能力训练

第一篇
环境工程设计基础

第1章 绪 论

1.1 环境工程设计范围和内容

1.1.1 环境工程设计范围

环境工程设计对象是对环境有影响的建设项目，即在建设过程中、建成投产后生产运行阶段和服务期满后，对周围的大气、水、海洋、土地、矿藏、森林、野生生物、自然遗迹、人文遗迹、自然保护区、风景名胜区、居民生活区等环境要素可能带来变化的建设项目。这种变化大多是对环境产生的污染和破坏，简单来说，产生污染的建设项目因排放废气、废水、废渣等污染物一定会或可能会对环境带来污染的项目。

随着社会经济的发展和科学技术的进步，工程的概念也发生了变化。工程已不再是单纯的技术问题，而且与社会经济密切联系。在解决具体工程问题时，需要综合考虑技术、经济、市场、法律等多方面因素。环境工程设计不能仅理解为完成设计任务的工作阶段，更不能认为设计就等于出图纸。实际上环境工程设计贯穿于整个建设项目的过程。

在我国现阶段工程设计项目中，环境工程设计的工作范围包括水污染防治工程、大气污染防治工程、固体废物处理与处置、生态保护设施设计、节约资源和资源回收利用工程、清洁生产设施设计、环境监测设施设计等。

1.1.2 环境工程设计内容

从属于大型工程项目各设计阶段的环境工程设计的内容和深度都不同。环境工程设计的内容主要包括：

1. 大气污染防治

大气中的污染物种类很多，按污染物的形成方式可分为一次污染物（指污染源直接排放的污染物）和二次污染物（一次污染物与大气中的气溶胶经大气光化学反应形成）。按其存在状态可分为气态污染物和大气颗粒物，气态污染物中氮氧化物、碳氢化合物、碳氧化合物、含卤素化合物、硫氧化物对环境造成严重危害，同时也对人体健康造成严重危害（如这些污染物质经呼吸进入人体肺组织，对人体肺表面活性物质造成损害）。大气污染的来源也十分广泛，冶金工业、化工、汽修行业、工业烟尘以及机动车尾气等均不同程度地产生大气污染物。

大气污染防治措施包括工业污染防治、提高能源效率和节能、清洁煤利用技术、开发新能源和可再生能源、机动车污染控制等。

2. 水污染防治

水污染物的主要来源包括生活污水和工业废水。生活污水包括居民日常生活用水、公共建筑的生活污水和企业内的生活污水。生活污水中含有较高的有机物质，如蛋白质、脂肪、尿素、氨氮以及存在于粪便中的病原微生物。生活污水需要经过处理后才能排入水体、农田或再利用。工业废水包括生产废水、生产污水及冷却水，是指工业生产过程中产生的废水和废液，其中含有随水流失的工业生产用料、中间产物、副产品以及生产过程中产生的污染物。工业废水种类繁多，成分复杂。例如，电解盐工业废水中含有汞，重金属冶炼工业废水中含铅、镉等各种金属，电镀工业废水中含氰化物和铬等各种污染物，石油炼制工业废水中含酚，农药制造工业废水中含各种农药等。由于工业废水中常含有多种有毒物质，会污染环境并且对人类健康有很大危害，因此要综合利用，化害为利，并根据废水中污染物成分和浓度，采取相应的净化措施进行处置后，才可排放。

因此，水污染防治工程主要包括废水收集和处理，包括新建或改扩建污水处理厂、中水处理系统的设置、新建水质监测站、城乡及工业企业排水管网设计等。

3. 固体废物处理与处置

固体废物是指在生产、生活和其他活动中产生的丧失原有利用价值或虽未丧失利用价值但被抛弃或者放弃的固态、半固态和置于容器中的气态的物品、物质，以及法律、行政法规规定纳入固体废物管理的物品、物质。《中华人民共和国固体废物污染环境防治法》中规定，所要控制和防治产生的固体废物主要包括工业固体废物、生活垃圾、建筑垃圾、农业固体废物、危险废物等。

国家对固体废物污染环境的防治，实行减少固体废物的产生量和危害性、充分合理利用固体废物和无害化处置固体废物的原则，促进清洁生产和循环经济发展。国家采取有利于固体废物综合利用活动的经济、技术政策和措施，对固体废物实行充分回收和合理利用。国家鼓励、支持采取有利于保护环境的集中处置固体废物的措施，促进固体废物污染环境防治产业发展。

针对固体废物防治和处置，其建设项目有新建固体废物收集装置、大型的城乡垃圾收集点。现阶段国家正实施垃圾分类，将生活垃圾予以分类丢弃，是固体废物处置工程中一项极具意义的工程项目。

4. 物理性污染防治

物理性污染包括噪声污染、放射性污染、光污染等。物理性污染防治主要有控制污染源、控制传播途径和对接收者采取防护措施等。

5. 农业面源污染治理工程

近年来，随着乡村振兴战略的推进，2021年3月，生态环境部、农业农村部联合发布《农业面源污染治理与监督指导实施方案（试行）》（以下简称《实施方案》），《实施方案》提出："到 2025 年，重点区域农业面源污染得到初步控制。农业生产布局进一步优化，化肥农药减量化稳步推进，规模以下畜禽养殖粪污综合利用水平持续提高，农业绿色发展成效明显。试点地区农业面源污染监测网络初步建成，监督指导农业面源污染治理的法规政策标准体系和工作机制基本建立。到 2035 年，重点区域土壤和水环境农业面源污染负荷显著降低，农业面源污染监测网络和监管制度全面建立，农业绿色发展水平明显提升。"《实施方案》提出了三方面主要任务：一是深入推进农业面源污染防治。确定农业面源污染优先治理区域，分区分类采取治理措施，建立农业面源污染防治技术库。二是完善农业面源污染防治政策机制。健全法律法规制度，完善农业面源污染防治与监督监测相关标准，优化经济政策，建立多元共治模式。三是加强农业面源污染治理监督管理。开展农业污染源调查监测，评估农业面源污染对环境质量的影响程度，加强农业面源污染长期观测，建设农业面源污染监管平台。

6. 人工湿地生态工程

2016 年，国务院办公厅印发《湿地保护修复制度方案》（以下简称《方案》），对新形势下湿地保护修复作出部署安排。《方案》明确了拟建立完善的一系列湿地保护修复制度。"在完善湿地分级管理体系方面，根据生态区位、生态系统功能和生物多样性，将全国湿地划分为国家重要湿地（含国际重要湿地）、地方重要湿地和一般湿地进行管理，并探索开展湿地管理事权划分。在实行湿地保护目标责任制方面，确定全国和各省（区、市）的湿地面积管控目标，逐级分解落实。合理划定纳入生态保护红线的湿地范围，实施湿地"占补平衡"制度，将湿地面积、湿地保护率、湿地生态状况等保护成效指标纳入地方各级人民政府生态文明建设目标评价考核等制度体系。在健全湿地用途监管机制方面，按照主体功能定位确定各类湿地功能，实施负面清单管理。完善涉及湿地相关资源的用途管理制度，依法对湿地利用进行监督，严厉查处违法利用湿地的行为。在建立退化湿地修复制度方面，明确湿地修复责任主体，多措并举恢复原有湿地，增加湿地面积。编制湿地保护修复工程规划，实施湿地保护修复工程，对集中连片、破碎化严重、功能退化的自然湿地进行修复和综合整治。在健全湿地监测评价制度方面，明确监测评价主体，完善湿地监测评价规程和标准体系。建立湿地监测数据共享机制和统一的湿地监测评价信息发布制度，加强监测评价信息应用，建立监测评价与监管执法联动机制。"

1.2　环境工程设计基本原则和特点

1.2.1　环境工程设计基本原则

环境工程是建设项目中一个重要的组成部分。建设项目可分解为若干个层次：工程项目→单项工程→分部工程→分项工程。环境工程是具有独立的设计文件，可独立组织施工，建成竣工后可以独立发挥生产能力和工程效益的单项工程。因此，环境工程设计应遵循工程设计的基本原则。

1. 工程设计的一般原则

工程设计应遵循技术先进、安全可靠、经济合理、节约资源的原则。具体来说有如下几项。

1) 认真贯彻国家的经济建设方针和政策原则

工程设计要贯彻国家的经济建设方针和政策，包括产业政策、技术政策、能源政策、环保政策等。正确处理各产业之间、长期与近期之间、生产与生活之间等各方面的关系。

2）选用先进技术原则

在工程设计中尽量采用先进的、成熟的、适用的技术。在符合国内管理水平和消化能力的前提下，积极吸收和引进国外先进技术和经验，但要注重与我国的技术标准、原材料供应、生产协作配套和维修零件供给条件相协调。

3）坚持安全可靠、质量第一原则

工程设计要坚持安全可靠、质量第一的原则。安全可靠是指项目建成投产后，能保持长期安全正常生产。

4）坚持经济合理原则

工程设计要以较低的投资，较短的建设周期，达到项目预期目标，实现技术经济指标的最优化。

5）节约资源原则

根据技术上的可能性和经济上的合理性，节约、合理利用能源、水资源、土地资源等。

2．环境工程设计的原则

环境工程设计除了遵循工程设计的一般原则，还需遵循以下原则：

（1）环境工程设计必须遵守国家和地方制定的有关环境保护法律、法规、标准和技术政策，合理开发并充分利用各种自然资源，严格控制环境污染，保护和改善生态环境。在实施重点污染物排放总量控制的区域内，还需符合重点污染物排放总量的控制要求。

（2）与建设项目配套建设的环境保护设施，必须与主体工程同时设计、同时施工、同时投产使用。

（3）坚持技术进步，贯彻"以防为主，防治结合"的方针。

（4）积极推行清洁生产，改进现有生产工艺，采用能耗、物耗低和环境影响小的生产工艺，实现工业污染防治从末端治理向生产全过程控制的转变。

1.2.2　环境工程设计基本特点

环境工程设计所需要解决的问题不仅局限于环境污染的防治，而且包括保护和合理利用自然资源、探讨和开发废物资源化技术、改革生产工艺、发展少害或无害的闭路生产系统，求得社会效益、经济效益和环境效益的统一，实现社会经济可持续发展。因此环境工程设计具有以下特点：

1. 交叉性、复杂性和多样性

环境工程本身是在多学科交叉下发展成的新学科，环境工程设计所依据的知识和理论体系不但源于工程技术领域，还源于自然科学、社会科学领域。环境工程设计与环境科学、给水排水工程、通风热力工程、建筑环境与设备工程、化学工艺与工程、能源工程、信息技术、经济学、法学等学科密切相关，充分显示了其交叉性、复杂性和多样性的特点。

环境工程设计与下面一些学科有着密切的关系。

1）环境科学

环境科学的主要任务之一是解决环境工程中的科学问题，为环境工程学科发展提供理论基础。而环境工程主要探索污染防治与控制的技术。环境科学的发展为环境工程的技术进步奠定了科学基础；同时环境工程技术的发展对环境科学的发展提出了新的要求。环境科学的成果通过环境工程技术转化为直接的社会生产力，用来解决环境污染问题。

2）给水排水工程

水污染的防治工程可以说是得益于给水排水工程的基础上发展起来的。给水排水工程主要以市政用水为研究对象，包括自来水的取水、输配水系统、处理工艺与工程、污水收集系统和处理工艺与工程、建筑给水排水和消防系统、工业给水排水及水资源保护等。这些都为环境工程中废（污）水处理奠定了理论基础，且提供了成熟的技术。

3）通风热力工程

大气污染防治是从通风热力工程发展起来的。工业废气的净化和车间内的通风净化密切相关，锅炉的烟气除尘脱硫和热力工程密切相关。

4）建筑环境与设备工程

建筑环境与设备工程研究的主要内容有建筑物物理环境、室内环境及其设备系统、建筑公共设施系统的设计、安装调试、运行管理等，在改善室内环境品质方面与大气污染控制以及物理性污染控制有相通的理论和技术基础。

5）化学工艺与工程

化学工艺与工程学科的基本原理、工艺操作、技术手段、仪表设备等为环境工程奠定了理论和技术基础。化学工程中的主要单元操作（如过滤、沉降、分离、吸收、吸附、催化、萃取、膜技术等），都是环境工程治理中常用的方法和手段。环境工程治理采用的机械和设备也多与化工机械设备相通。

6）能源工程

能源工程包括一次能源的化石燃料转化为电力、热能等二次能源的生产和利用；风能、太阳能、生物质能等新能源的利用；清洁的核能、洁净煤技术、燃料电池、超导应用等当代高新技术手段，这是从源头解决环境污染问题的最佳方案之一，节能技术的应用，使单位能耗的产量得到提高。

7）信息技术

仿真生态模拟系统的开发利用，为环境工程设计提供了一种获取工艺参数、检验处理效果和运行可靠性等方面的有效手段。计算机因其具有的高速处理数字、符号、文字、语言、图像等的能力，作为工程设计的强大工具，成为环境工程设计的有力手段。

环境工程设计与经济学、法学等社会科学学科同样密切相关。设计过程是技术与经济相结合的过程，是对技术方案进行技术经济计算与分析评价的过程，是从经济上对技术优化的过程。设计过程也是决策过程，技术经济分析评价贯穿于设计的全过程。环境工程设计自始至终受环境保护法律法规的制约，遵守和切实执行环境法律法规是环境设计的基本原则。例如，污染物排放标准对污染源排放污染物所规定的最高允许限额是环境工程设计的基本依据之一。

以上均体现出环境工程设计是多学科相关专业基本知识的交叉和融合。

2. 创新性

设计是科学与工程应用的桥梁，是科技成果转化为生产力的第一步，是技术创新的关键环节。随着经济高速发展，生产规模日益扩大，人类活动对环境的负面效应不断增大，传统环境工程技术已逐渐不能满足新的环境保护需求。例如，在能源工业发展中，核能是未来的能源之一。但是，核裂变转移工厂的增多、核废料的处理和贮存带来了放射性物质对环境的污染。对此，目前各国都缺少有效的解决途径。臭氧层的破坏也是这方面的又一例证。研究表明，臭氧层破坏的主要原因是氯氟烃类和卤代烷等化学物质的过多使用，研究这两种物质的替代产品将成为今后的主要方向。因此，未来会对环境工程设计提出更高的要求，必须应用最新的技术成就，交叉应用多门学科知识和多种技术，综合应用社会科学（如经济学、管理学等）方面的知识，实现环境保护与经济、社会可持续发展的目的。

3．经济性、社会性

环境工程设计不仅要具有环境效益，还应具有经济效益和社会效益。

经济性是衡量环境工程设计方案优劣的重要因素之一。水环境工程设计中按照节约型可资源化的原则，回收的工业粉尘作为有用原料得以资源化利用；工业固体废物的资源化技术使废物综合利用获得较好的经济效益。

环境工程设计的社会效益，是通过环境保护设施的建设减少各类污染物和民间纠纷，改善人民的生活、居住条件，保护珍贵的文化遗产，推动社会文化事业的发展，提高国民的环境意识，扩大就业机会，促进经济可持续发展。

思考与练习

1．环境工程设计的范围包括哪些？
2．环境工程设计的内容有哪些？
3．环境工程设计的特点有哪些？
4．简述环境工程设计应遵循的原则。

第2章 环境工程设计程序与前期工作

2.1 环境工程设计步骤

环境工程设计必须按照国家规定的设计程序进行，并落实和执行环境工程设计原则和要求。环境工程设计的一般步骤有以下几方面。

1. 项目建议书阶段

项目建议书中应根据建设项目的性质、规模、建设地区的环境现状等有关资料，对建设项目建成投产后可能造成的环境影响进行简要说明，其主要内容如下：

（1）所在地区环境；

（2）可能造成的环境影响分析；

（3）当地生态环境部门的意见和要求，项目存在的问题。

2. 可行性研究阶段

在可行性研究报告书中，应有环境保护的专门论述，其主要内容如下：

（1）建设地区环境状况；

（2）主要污染源和主要污染物；

（3）资源开发可能引起的生态变化；

（4）设计采用的环境保护标准；

（5）控制污染和生态变化的初步方案；

（6）环境保护投资估算；

（7）环境影响评价的结论或环境影响分析；

（8）存在的问题及建议。

在项目可行性研究的同时，应进行建设项目环境影响评价。建设项目的环境影响评价实际上就是建设项目在环境方面的可行性研究。建设项目环境影响报告书，包括以下内容：

（1）建设项目概况；

（2）建设项目周围环境现状；

（3）建设项目对环境可能造成影响的分析和预测；

（4）环境保护措施及其经济、技术论证；

（5）环境影响经济损益分析；

（6）对建设项目实施环境监测的建议；

（7）环境影响评价结论。

3．工程设计阶段

环保设施的工程设计一般分为初步设计和施工图设计两个阶段。

1）初步设计阶段

建设项目的初步设计必须有环境保护篇（章），具体落实环境影响报告书（表）及其审批意见所确定的各项环境保护措施。环境保护篇（章）应包含以下主要内容：

（1）环境保护设计依据；

（2）主要污染源和主要污染物的种类、名称、数量、浓度或强度及排放方式；

（3）规划采用的环境保护标准；

（4）环境保护工程设施及其简要处理工艺流程、预期效果；

（5）对建设项目引起的生态变化所采取的防范措施；

（6）绿化设计；

（7）环境管理机构及定员；

（8）环境监测机构；

（9）环境保护投资概算；

（10）存在的问题及建议。

2）施工图设计阶段

建设项目环境保护设施的施工图设计，必须按已批准的初步设计文件及其环境保护篇（章）所确定的各种措施和要求进行。一般包括施工总平面图、建筑总平面图、设备安装施工图、非标准设备加工详图、设备及各种材料的明细表和施工图预算。

4．设计概算和预算的编制

设计概算和预算是设计工作的重要内容，也是设计文件的重要组成部分，它反映了项目设计的经济合理性和技术先进性。设计概算和预算是不同设计阶段编制的工程经济文件，初步设计阶段要编制设计概算，施工图设计阶段要编制施工图预算。

设计概算是根据设计图纸及其说明书、设备与材料清单、概算定额，以及各种费用标准和经济指标，用科学方法对工程项目的投资进行估算的文件。设计概算的结果是工程项目的总造价。设计概算的文件由以下 6 部分组成：

（1）工程项目概算说明书；

（2）工程项目总概算；

（3）各单项工程综合概算；

（4）各单位工程概算；

（5）其他相关工程和费用概算；

（6）预备费用概算。

施工图的预算是根据国家颁发的有关安装工程的预算定额结合施工图纸，按规定方法计算工程量，套用相应的预算定额及工程收费标准，以及建筑材料及人工费用的市场差价综合形成的建筑安装工程的造价文件。施工图预算的文件构成与设计概算相同，要求计算得更为细致和准确。

5．项目竣工验收阶段

环境保护设施竣工验收可视具体情况与整体工程验收一并进行，也可单独进行。建设项目环境保护设施竣工验收合格应当具备下列条件：

（1）建设项目建设前期环境保护审查、审批手续完备，技术资料齐全，环境保护设施应按批准的环境影响报告书（表）和设计要求建成；

（2）环境保护设施安装质量符合国家和有关部门颁发的专业工程验收规范、规程和检验评定标准；

（3）环境保护设施与主体工程建成后经负荷试车合格，其防治污染能力适应主体工程的需要；

（4）外排污染物符合经批准的设计文件和环境影响报告书（表）中提出的要求；

（5）建设过程中受到破坏并且可恢复的环境已经得到修整；

（6）环境保护设施能正常运转，符合使用要求，并具备正常运行的条件，包括经培训的环境保护设施岗位操作人员的到位、管理制度的建立、原材料和动力的落实等；

（7）环境保护管理和监测机构，包括人员、监测仪器、设备、监测制度、管理制度等符合环境影响报告书（表）和有关规定的要求。

2.2　前期工作所需资料

环境工程设计的前期工作应准备的资料可概括为五大部分：规划资料，项目建议书、批文，基础资料，技术资料，其他资料。

1. 规划资料

规划资料主要有城市（地区）总体规划，区域环境保护规划，区域大气、水体污染总量控制规划，以及有关的国家生态环境政策和标准。

1）城市（地区）总体规划

城市（地区）总体规划是依据城市（地区）的性质、社会经济发展目标、人口控制规模、对城市（地区）规划区内的人口、土地资源、房屋建筑、道路交通、绿化环境及各项市政基础设施的统筹安排。建设项目必须服从总体规划的要求，总体规划也为建设项目提供依据。

2）区域环境保护规划

区域环境保护规划是根据地区的环境现状、社会经济发展计划制定的近期环境保护行动指南。

3）区域大气、水体污染总量控制规划

区域大气、水体污染总量控制规划是为实现地区的环境保护目标，结合当地的自然环境状态和环境容量，制定的区域内污染物排放控制目标。

4）有关的国家生态环境政策与标准

有关政策与标准是指国家住建、生态环境等主管部门颁布的有关部门规章和规范性文件、环境管理规定、环境质量及污染物排放等技术标准。

2．项目建议书、批文

项目建议书及批文主要包括工程项目建议书和批文，以及工程项目可行性研究报告和批文。

3．基础资料

基础资料包括区域自然条件、社会经济条件、技术经济条件、建筑施工条件和协议文件等。

1）区域自然条件

（1）地理与地形：建设项目所处的经度、纬度，行政区位置和交通位置、水电、地图。

（2）水文：地表水、地下水情况。

（3）工程地质：地层稳定性、土壤特性及允许压力、土壤中含酸碱性物质的种类及程度（pH）以及腐蚀性质、地震的情况。

（4）气候与气象：建设项目所在地区的主要气候特征，年平均风速和主导风向，年平均气温，极端气温与月平均气温（最冷月和最热月），年平均相对湿度，平均降水量、降水天数、降水量极值，积雪深度，当地逆温层特征、云量、云状和日照。土壤温度及冻土深度，主要的天气特征（如梅雨、寒潮、雹和台风、飓风）等。

2）社会经济条件

（1）行政区划和社会经济人口：行政分区，经济发展状况，居民区的分布情况及分布特点；人口数量和人口密度等。

（2）农业与土地利用：可耕地面积，粮食作物与经济作物构成及产量，农业总产值以及土地利用现状。

（3）自然保护区与环境敏感点：各种自然保护区，历史文化古迹，疗养院，以及重要的政治军事文化设施等。

（4）人群健康状况：各类流行病、传染病情况。

3）技术经济条件

（1）地区工业协作条件：建设项目附近工矿企业分布、生产性质、生产能力、发展远景、生产协作条件。

（2）管线：给水、排水、供电、供热管线。

（3）交通：铁路、公路、水运、航空。

（4）通信：电视、电话、交换机、转播站。

（5）市政：市政建设与规划、卫生福利、文教设施、消防等。

4）建筑施工条件

（1）建筑材料。

（2）配件、部件、管件。

（3）施工条件。

（4）施工单位及设施情况。

5）协议文件

协议文件一般包括同意建设项目拨地或扩建地的协议；供热、供电、供气、供水及接管、接线的协议；卫健、劳动、生态环境、自然资源、公安等部门同意建设项目或改扩建的证明文件；紧缺材料供应协议等。

4．技术资料

建设单位应提供的技术资料包括：

1）项目可行性研究报告

2）环境影响评价报告

3）设计任务书

4）选址报告

5）环境质量报告

6）科学实验报告资料，一般内容有：

（1）工业废物采样方法、采样点及分析化验材料。

（2）废弃物（如尘、气、热、湿）的利用价值及处理初步设想。

（3）工艺散尘设备、工艺密闭阀、自动化、气力输送的测试试验资料。

（4）解决技术难点的新构思设计的设备、设施、部件的实施情况。

5．其他资料

其他资料是指在设计过程中所需的其他辅助性资料，如进行设计工作时，各相关专业（部门）互相提供的资料。通常环境工程涉及的主要专业是工艺主体专业和各种辅助专业（如暖通、水、电力、总图、技术经济、自动控制、建筑、结构、设备等）。

思考与练习

1. 环境工程设计的一般步骤有哪些？

2. 环境工程设计前期工作所需资料有哪些？

3. 设计概算的文件由哪 6 部分组成？

4. 技术资料由哪几项组成？

5. 环保设施的工程设计一般分为哪两个阶段？

第3章 工艺流程与总平面布置设计

在环境工程设计中，工艺流程设计这一环节是极其重要的，贯穿了整个设计过程。在设计中，设备选型、工艺计算、设备布置等工作都与工艺流程设计有直接的关系。只有工艺流程设计确定后，才能开展其他相关工作。工艺流程设计涉及各个方面，而各个方面的变化又反过来影响工艺流程的设计。

3.1 工艺流程图设计

环境工程工艺流程是指污染物的处理顺序与作业步骤，以及各个工序之间的相关信息。环境工程中的污染物多种多样，其处理方式与过程也不尽相同。所以，选择工艺流程成为决定一个设计是否合理的关键环节。若存在多种处理方法，应逐个进行分析研究，通过各方面的比较，从中筛选出一种最佳的处理方法，作为下一步处理工艺流程设计的依据。

3.1.1 工艺流程选择

1. 工艺流程选择原则

在工艺流程的选择中，需要遵循以下基本原则。

1）合法性

环境工程设计必须遵守相关的环境保护法律法规，合理开发和利用自然资源，控制污染，保护和改善生态环境。需要注意的是，虽然我国的法律法规不断完善，环保制度不断健全，但要达到天衣无缝是不现实的。所以，环境工程设计要全面理解，合法设计。

2）先进性与经济性

环境工程处理工艺不仅需要技术先进、经济合理，还应选择能耗效率高、管理方便和处理后的产品能直接利用的处理工艺流程。同时，工艺流程要有一定的先进性，以应对未来标准更高的污染物处理工程。

3）可靠性

工程设计中所采用的技术有成熟技术、延伸技术、不成熟技术和新技术。环境工程设计主要采用成熟技术，处理工艺流程必须可靠。对于环境工程的新技术、新工艺、新设备及新材料应持积极而又慎重的态度，坚持一切经过试验的原则，采用可靠的创新成果进行环境治理。

4）安全性

由于许多污染物带有一定的毒性，为了防止污染物散发有毒物质，所以在选择工艺流程时，需要考虑劳保和消防的要求，采取安全防护措施，确保生产的安全性。

5）适用性

选择环境工程工艺流程时必须结合生产企业的实际情况，具体问题具体分析，结合企业的生产能力、管理状态以及承受水平，做到实事求是、因地制宜。

上述原则在选择处理工艺流程时需全面衡量、综合考虑，采用简洁的处理工艺。

2．工艺流程选择依据

1）污染源性质

选择污染物处理流程时，首先要对污染物的理化性质进行仔细地分析，包括污染物成分、性质、浓度、温度、排放量及转移过程等。

2）相关的工程设计文件

相关工程的设计任务书、城市规划、政府批文、调研报告、选址与环评报告等。

3）设计基础资料

当地气象资料、地形地貌资料、工程地质资料、水文地质资料、抗震设防资料、公用设施条件、交通运输条件、通信条件、消防要求、绿化与环保要求、场地条件、工艺资料、测试数据等。

4）技术标准与设计规范

包括污染物排放标准和总量控制标准、技术措施与技术规程、设计规范与施工验收规范等。

5）建设单位相关要求

在不违反国家政策、法律法规、技术标准的前提下，尽可能地在治理工程设计中体现建设单位的合理意愿、技术要求和相关建议。但是，对建设单位不合理的建议与要求则要坚持原则。

3．工艺流程选择的基本步骤

1）收集资料，调查研究

在准备阶段，要有计划地收集相关资料（如污染物的种类、数量、规模和性质等）；同类型实例的工艺流程；试验研究报告；测试方法；设备情况；项目技术经济情况；水电燃料供应情况；水文地质、工程地质条件，气象条件；环境情况等。

2）落实设备、设施和仪器

在确定工艺流程时，尽量选择定型的设备、设施和仪器，对需要重新设计加工的产品以及进口产品，则需对其设计制造单位进行调研。

3）全面比较与优化

对初拟的各种工艺流程进行比较时，需要注意的内容有：

（1）应用现状和发展趋势；

（2）处理效果；

（3）处理规模；

（4）材料与能耗情况；

（5）建设费用与运行费用；

（6）其他特殊情况。

4）确定处理工艺流程

通过比较，综合各种处理方法的优点，扬长避短，确定最佳的处理工艺流程。

3.1.2　工艺流程设计

环境工程工艺流程设计是环境治理工程设计的核心，贯穿整个设计过程。环境工程工艺流程设计任务是确定处理工艺流程中各个处理单元的具体内容、大小尺寸、前后顺序、排列方式等，以有效地处理污染物。只有确定污染物处理工艺流程后，其他各项工作才能开展。

1. 工艺流程设计要求

（1）工艺流程中，污染物处理后必须达标，即满足国家和地方的排放标准及质量标准。值得注意的是，新建项目和改建项目的排放标准也不尽相同。

（2）处理工艺采用技术先进、效率高的成熟技术。

（3）控制污染物的无组织排放，防止污染物处理过程中产生二次污染或污染转移。

（4）充分利用和回收能量。例如，在污水处理工艺流程的布置中，应充分利用重力等自然条件，使处理污水产生重力流动，避免采用多级水泵加压，减少系统运行过程中的能量消耗。

（5）处理量较大时，宜采用连续的处理工艺。处理量较小时，可选择间歇性处理工艺。

（6）尽可能回收有用物质。

（7）考虑处理能力的配套性和一致性时，应考虑余量和一定的操作弹性。

（8）配套措施应与相关专业密切配合。

（9）确定运行条件（如温度、压力、电压等）和控制方案。

（10）流程精练，运行可靠，操作检修方便。

（11）安全措施可靠。

（12）节水、节能，循环利用，降低资源消耗，节约资金，经济合理。

2. 建设规模

建设规模一般是指项目的全部设计生产能力、效益或投资总规模，也称生产规模。环境工程确定建设规模的原则为：

（1）充分掌握污染源状况，合理确定系统处理能力、适留余量的原则。

（2）明确设计内容与范围的原则。

（3）合理确定工程等级的原则。

（4）工艺成熟，技术先进的原则。

（5）合理选择技术与设备的原则。

（6）方案论证与综合比选的原则，即从技术、经济、实施条件、运行管理等方面进行充分论证，优化出最佳方案。

（7）总体规划、分步实施的原则。

3．工艺单元设计

环境工程中处理工艺单元设计是根据污染物强度、环境容量、工艺流程等，在考虑经济条件和管理水平的前提下，进行处理单元的功能确定、工艺描述、设计参数选取、构筑物布置与结构设计、设备选型等设计过程。一般情况下，环境工程在初步设计阶段和施工图设计阶段中，进行处理工艺单元设计。

1）功能确定

明确每个处理单元的功能是工艺单元设计的前提，有利于工艺单元内小流程整合。例如，在城市污水处理工艺中，通常采用一级处理、二级处理、三级处理3 个单元。其中，一级处理单元的功能是去除污水中呈悬浮状态的固体物质，又称预处理，或称物理法处理；二级处理单元的功能是去除污水中呈胶体和溶解状态的有机物；三级处理单元的功能是去除某些特殊的污染物质（如氟、磷等），即深度处理，又称化学法处理。

2）工艺描述

工艺描述是对工艺流程的进一步细化和修正，实现工艺流程。例如，在城市污水处理工艺中，一级处理单元的工艺描述：通过粗格栅的原污水通过污水提升泵提升后，经过格栅或筛滤器后进入沉砂池，经砂水分离的污水进入初次沉淀池。经过一级处理的污水，BOD 的去除率一般为 20%～30%，达不到排放标准。

二级处理单元的工艺描述：初沉池的出水进入生物处理设备（通常采用活性污泥法和生物膜法，其中活性污泥法的反应器有曝气池、氧化沟等；生物膜法包括生物滤池、生物转盘、生物接触氧化和生物流化床等），经生物处理后的污水进入二次沉淀池（以下简称二沉池），并进行消毒处理。二沉池的污泥一部分回流至初次沉淀池或生物处理设备，一部分进入污泥浓缩池，之后进入污泥消化池，经过脱水和干燥设备后，污泥最后被利用。经过二级处理的污水，有机污染物质（BOD、COD）去除率可达 90%，使有机污染物达到排放标准，悬浮物去除率达95%，出水效果好。

三级处理单元的工艺描述：经过消毒处理的二沉池出水进入三级单元处理，处理方法有生物脱氮除磷法、混凝沉淀法、砂滤法、活性炭吸附法、离子交换法和电渗析法等。

3）设计参数选取

工艺单元设计参数的选取直接影响处理效果和经济效益，宜结合实际情况进行权衡。例如，在污水一级处理单元中，格栅是第一道预处理设施，可去除大尺寸的漂浮物、悬浮物以及不利于后续处理过程的杂物等。过栅流速应根据污水的性质慎重选取。如果流速过大，不仅过栅水头损失增加，还可能将已截留在格栅上的栅渣冲走；如果流速过小，瓯槽内将发生沉淀；此外，流速大小直接影响格栅断面尺寸。

4）构筑物布置与结构设计

根据工艺流程、单元功能、设计参数等，进行单元构筑物布置与结构设计。一级处理单元的沉砂池和初沉池、二级处理单元的曝气池、生物滤池、二沉池、污泥浓缩池、污泥消化池等构筑物都需要进行结构设计或选择标准图。值得注意的是，根据标准图选择地下构筑物时，必须将现场参数（如地基土性质、地基承载力、地下水位、地下水性质、冰冻深度、地面荷载、材料性质、施工方法等）与标准图的适用范围及设计条件相对比，两者不相符时，应对标准图进行核算及修改，确保构筑物结构安全。

5）设备选型

根据单元功能、设计参数等，进行设备选择。例如，城市污水处理工艺中的污水提升泵、生物转盘、筛滤器等均需在工艺流程设计时进行选型。

3.2 厂址选择

厂址选择是建设项目设计中的一项十分重要而复杂的工作。厂址选择直接影响建设项目的经济效益，如基建投资的大小与建设的速度、生产的发展和产品的成本、经营管理费用等。同时，厂址选择也直接影响环境效益。厂址选择既是实现国家长远规划，决定全国生产力布局的一个基本环节，又是进行建设项目可行性研究和项目设计的前提。只有确定了项目的具体地点，才能较为准确地估算出项目在建设时的基建投资和生产时的产品成本，也才能对项目的各种经济效益进行分析和计算，得出项目是否可行的结论。在具体选择厂址时，由于生产或处理的对象与规模不同，考虑的主要因素也不同，有的厂址主要取决于市场因素，有的厂址主要取决于动力来源，有的厂址主要考虑原料来源，有的厂址受到环保因素的制约（如对"三废"处理设施的厂址选择，考虑的主要因素是离污染物的排放地点要近）。

建设项目附属的环境保护设施,其选址随着整体建设项目地址的确定而确定;
而对于独立的环境保护建设工程(如独立的生活垃圾处理厂、城市污水处理厂等)
的选址则需要独立进行。

3.2.1　厂址选择的一般原则

1)厂址选择的步骤

(1)为建设项目的建设地确定一个相对较大的区域(如某段河流两岸、某行
政区等);

(2)在地点确定后最终确定建设项目的建设地址。

在建设项目投资决策前时期,厂址选择过程可分为三个阶段:机会研究阶段、
初步可行性研究阶段和可行性研究阶段。在机会研究阶段,可根据地图和初步设
想大致估算出原材料、能源、交通、水源、环境、市场情况,大致确定建厂地点。
在初步可行性研究阶段,需要在前段工作的基础上,进行若干地点的调查,进行
一些详细的研究比较,对于一些突出的问题和关键环节可以专门进行辅助研究,
对各方案的投资和产品成本作出估算。在可行性研究阶段,必须全面考虑建设地
区的自然环境和社会环境,对选址地区的地形、地质、水文、气象、名胜古迹、
城乡规划、土地利用、工农业布局、自然保护区现状及其发展规划等因素进行调
查研究,并在收集建设地区的大气、水体、土壤等基本环境要素背景资料的基础
上进行综合分析论证,制订最佳的规划设计方案。

2)厂址选择的一般原则

(1)服从国家长远规划和城镇规划要求。建设地点选择首先要服从国家长远
规划的要求,项目的类型应与所在城镇的性质和类别相适应,注意项目与城镇在
格调上一致。

(2)避免过于集中,合理发展中小城市。认真贯彻执行关于"控制城市规模,
合理发展中等城市,积极发展小城市"的方针,既有利于缩小城乡差别,促进城
乡平衡发展,又有利于全国经济布局的改革,适应国防建设的需要。

(3)符合生产力布局要求,并有利于节约资源、降低成本。例如,电力工业
应考虑电力的远距离输送,有可能使缺乏燃料、动力资源的地区得到充分廉价的
动力;钢铁工业应考虑原料、燃料的矿藏组合条件;机械工业应考虑机器批量的

大小及企业之间、部门之间协作的可能性；建材工业应考虑就地生产、就地消费，避免远距离运输等。

（4）要选择与建设项目性质相适应的环境条件。例如，集成电路和精密电子工业不能选在炎热潮湿或多雾的地区。

（5）精打细算，节约用地。尽量不要占用耕地，充分利用荒地、劣地、山地和空地，即使是劣地河滩也应注意节约，不能随意浪费土地。

（6）凡排放有毒有害废水、废气、废渣（液）、恶臭、噪声、放射性元素等的建设项目，严禁在城市规划确定的生活居住区、文教区、水源保护区、名胜古迹、风景游览区、温泉、疗养区和自然保护区等界区内选址。

（7）厂区必须满足厂房按工艺流程布置建筑物和构筑物的要求，场地同样需要满足建设项目的实际需要，能合理布置建筑物及配套的构筑物。

（8）厂区地形力求平坦或略有坡度，既减少土石方工程，又便于排水。

（9）厂区应选在工程地质、水文地质条件较好的地段，严防在断层、有岩溶、流沙、有用矿床上、洪水淹没区、采矿塌陷区和滑坡下选址。厂区地下水位置最好低于建筑物的基准面。

（10）厂址必须有充足的水源供应，并便于污水排放和处理。

（11）厂址应有较好的交通运输条件，年运输量超过一定量需设专用铁路线的工厂，宜接近铁路沿线选址，便于接轨。

（12）一般情况下，厂址最好离城市不太远或靠近其他老企业，这样可以利用城市或原有企业的公共设施（如道路、高压电路等）。

（13）厂址尽量不选在烈度7度以上的地震区，烈度9度以上的地震区不能建厂。

（14）对有大量废渣产生且废渣在短期内又不能被综合利用的企业，附近要有适当的洼地堆放或填埋。

3.2.2 厂址选择的环保要求

厂址选择是复杂的综合性课题，涉及政治、经济、科学技术以及环保等多方面问题。厂址选择合理与否，对环境的影响很大。因此，在建设项目的规划中，不仅要考虑生产上的需要，同时也要考虑环境保护的要求，做到工业和农业、城市和农村、生产和生活、经济发展和环境保护全面安排，统筹兼顾，协调发展。

1. 防治大气污染

1）开展区域规划，控制城市规模

在区域规划中，不仅要对国民经济各部门进行全面规划，合理布局，综合平衡，而且要贯彻发展小城镇的方针，控制城市规模，避免城市过大和污染源过于集中，以便充分利用大自然的自净能力，减轻污染程度。

2）城市要有合理的功能分区

对于工业较集中的大中城市，一般应按工业性质划分为若干个工业区。基本原则是：

（1）规模小、无污染的工业可有组织地布置在城区；

（2）用地规模较大，对空气有轻度污染的工业可布置在城市边缘或近郊区；

（3）对于污染严重、治理难度大的大型企业（如钢铁、有色冶炼、火电站、石油化工、水泥厂等）宜布置在远离城市的郊区，并处于最小污染系数风向的上风侧。

对各工业区内的企业应合理布置与组织，要贯彻"循环经济"的理念，尽量做到废物资源化。基本原则是：

（1）企业之间的组合应有利于综合利用，化害为利，如钢铁厂与化肥厂相邻布置，可将高炉煤气供化肥厂用作原料；

（2）易产生二次污染的企业不宜布置在一起，例如，氮肥厂和炼油厂、石油化工厂相邻可能导致光化学烟雾（我国兰州西固地区就是将氮肥厂和炼油厂、石油化工厂相邻布置，成为我国最早出现光化学烟雾污染的地区）；

（3）工业区内，污染严重的工厂应置于远离生活区的一端。

3）本底浓度

本底浓度已超过《环境空气质量标准》（GB 3095—2012）规定的浓度限值的地区，不宜再建有污染的工厂。本底浓度虽未超标，但加上拟建厂的贡献后将超标，短期内又难以解决的，也不宜建厂。

4）风向、风速与静风

（1）风向频率。①某一风向的频率越大，其下风向受污染的概率越高，因此排放有毒有害气体的建设项目应布置在生活居住区污染系数最小方位的上风侧，这样位于工厂最小风频下风向的居民区受污染的概率就最低。②尽量减少各工厂的重复污染，即不宜把各污染源配置为直线且与最大频率风向一致。③对农作物而言，有一抗害能力最弱的生长季节，此时污染源应位于此季节的主导风向的下侧。

实践证明，按照上下风向原则布置厂址，对大多数平原地区来说，其环境保护的效果是良好的。但是，对于一些自然条件复杂的地区，按上下风向原则布置工厂就有些不够。例如，我国东南部受东亚季风的影响，大部分地区每年都有两种主要风向的影响，一般夏季为偏南季风，冬季为偏北风，而且这两种风向频率相当。在这种情况下，布置工厂最好的办法是避开这两种盛行风向的影响，选用主导风和次主导风之间合适的侧面来布置污染性较大的工厂，或者将生产区和生活区分别放在盛行风的左右两侧，或者选择适当的夹角来确定它们的位置。

（2）污染系数。上面按风向频率布置工厂只考虑了受污染时间的长短，没有考虑受污染浓度的高低。由于污染危害的程度与受污染的时间和污染浓度两个因素有关，所以居住区应布置在受污染时间短、污染物浓度低的位置。因此，在确定工厂和居住区的相对位置时，不仅要考虑风向频率，还要考虑风速的影响，大气污染浓度与风速成反比。为此定义污染系数为：某风向的污染系数小，其下风方向受污染的程度就轻，工厂应设在污染系数最小方位的上风侧，居住区在其下风侧。静风全年静风频率很高（如超过40%）或静风持续时间很长的地区，可能造成长时间高浓度污染，一般不宜建有污染的企业。若必须建厂，应将工厂分散布置。

5）地形的影响

如果厂址地形条件选择不好会造成严重的环境污染。例如，燕山石化处于山谷地带，有害气体经常积聚不散。厂区夏天刮东南风，冬天刮西北风，正好都沿山沟吹，西北面又是高山，所以有害气体浓度较高。又如我国兰州石油化学工业公司周围多山，当遇到气压低、湿度大、风速小、雾多等不利气象条件时，烟雾长久不散，会造成比较严重的污染。胜利石油化工总厂厂区多在谷底，居民区在山坡上，烟囱出口高度几乎同居民区在同一水平面上，加上有的工厂在上风向，正好将浓烟扩散到居民区。因此厂址选择必须考虑地形的影响。

丘陵、河谷地带，居住地比工业用地低或高，或将居住区布置在背风坡湍流区都是不利的，二者应位于同一高度的阶地上，并保持一定的防护距离，尽可能地使居住区避开山地盛行风向和过山气流的影响。建设在背风坡地区的工厂，其烟囱有效高度必须超过下坡风高度及背风坡湍流区高度。

山间盆地地形封闭，面积一般不大，静风、小风频率高，常发生强度较大的地形逆温（冷空气沿四周山坡下滑聚集在盆地形成的逆温）和辐射逆温，经久不散，不利于扩散，故不宜集中过多工业。应以发展少污染或无污染的工业为主，并将工厂适当分散。若因资源、交通、用水等有利条件要求建设有污染的工业时，应将工业区与居住地分散布置。

若必须在居民点集中的山间盆地或走向与盛行风向交角为 45°～135°、谷风风速很小的较深山谷建设污染严重的工厂时，有效烟囱高度必须超过当地逆温层高度及经常出现的静风和小风高度。

沿海地区，为避免海陆风造成的循环污染，居住区与工业区的连线应与海岸平行。相反，若将"海岸—工业区—居住区"的连线与海岸线垂直布置，则会造成严重污染。例如，日本川崎市和横滨市的石油化工企业都布置在海边码头附近，工厂区后面是商业区，商业区背后是居民区，而居民区后面又往往是山地。这种布局在日本一年四季海风很多的情况下，正好把工厂浓烟扩散到商业区和居民区，再受到山地的阻挡，浓烟久经不散，给广大居民的身体健康造成严重损害。

此外，在丘陵、山区或水陆交界区的规划布局最好能进行专门的气象观测和现场扩散实验，或进行环境风洞模拟实验，以便对当地的稀释扩散能力作出较准确的评价。

2．防治水污染和固体废物污染

排放有毒、有害废水的建设项目，应布置在当地生活饮用水水源的下游。

有些工业部门选址时往往把工厂布置在靠近水的河流出口处冲积扇顶部或者水源地上游，因为那里的地质基础好，水源充足，水质较好。如果在冲积扇顶部和水源上游布置排放大量有害废水的化工企业，废水直接排入江河和渗入地下，下游沿岸的城市、居民点和工厂的水源就会遭受污染和破坏。

废渣堆置场应与生活区及自然水体保持一定距离，否则会引起环境污染。《生活饮用水卫生规范》规定，地面水取水点周围不小于 100 m 的水域内不得停靠船只，不准游泳、捕捞和从事一切可能污染水源的活动。河流取水点上游 1 000 m 至下游 100 m 的水域内不得排入工业废水和生活污水。

固体废物填埋场的选址应遵循如下原则：

（1）地下水位应低，距下层填埋物至少 1.5 m；

（2）远离居民区 500 m，位于城市下风向；

（3）交通运输方便；

（4）地下水防护条件好，防渗衬里如沥青、橡胶、塑料薄膜等的渗透系数小于 10^{-7} cm/s，防渗漏层厚度至少 1 m；

（5）不在石灰岩地区；

（6）不在地震多发区。

3.3 总平面布置图设计

3.3.1 生产车间布置

在完成工艺流程图与设备选型及设计计算后，需对厂房的配置和设备的排列做合理安排，即进入车间工艺设计阶段，它是车间工艺设计的重要项目之一，它关系到今后治理能否符合设计要求，能否在较良好的操作条件下正常、安全地运行。车间布置设计要考虑各方面的因素，是一项既重要又十分细致的工作。

生产车间的位置，应按工艺流程的顺序进行布置。生产线路尽可能做到直线而无返回流动，并不要求所有的生产车间在一条直线上。应考虑辅助车间的配置距离和管理上的方便。一般功能、工艺相似的车间、工段，尽可能布置在一起可集中管理，统一操作，节省人力，原料和成品应尽量接近仓库和运输线路，车间之间的管道应尽可能沿道路铺设，生产有害气体的车间应布置在下风向等。

3.3.2 辅助车间布置

辅助车间包括锅炉房、配电房、水泵站、维修车间、中心实验室、仪表修理间及仓库等。锅炉房应尽可能布置在蒸汽使用较多的地方，这样可以减少管路及热损失。锅炉房不能靠近有火灾或爆炸危险的车间或易燃品仓库，应将它们放置于厂区的下风向位置。

配电室一般应布置在用电集中地区附近，并位于产生空气污染的上风向位置。

维修车间应放在与各生产车间联系方便且安全的位置。

中心实验室和仪表修理间一般应置于清洁卫生、震动和噪声少、灰尘少的上风向位置。

仓库应设在与生产车间联系方便并靠近运输干线的位置。

消防站应设在一旦发生火灾，交通便捷，车辆能顺利到达现场的有利地点，并能通向厂外的交通要道处。

以上各项设施均应符合防火安全所要求的距离。

3.3.3 办公区与生活区布置

办公区包括办公室、会议室。生活区包括宿舍、礼堂、学校、医院等。办公区一般布置在厂区边缘或外部，位于上风向位置。生活区应布置在厂区外围，位于上风向位置，进行分区管理。

建筑物之间的间距首先应满足防火规范要求，同时应满足工业卫生、天然采光、自然通风等方面的要求。

1. 防火间距

防火间距是指防止着火建筑在一定时间内引燃相邻建筑的间隔距离，也就是指在一定时间内没有任何保护措施的情况下，不会引燃的最小安全距离。

火灾无情，会造成人身安全及财产的巨大损失。因此，对防火间距的要求，在国家规范中也是越来越严，划分得越来越细。《建筑设计防火规范》（GB 50016—2014）中规定了建筑物的防火间距，厂房的防火间距，仓库的防火间距，甲、乙、丙类液体储罐（区）的防火间距，可燃、助燃气体储罐（区）的防火间距，液化石油气储罐（区）的防火间距，可燃材料堆场的防火间距等。GB 50016—2014 规定，耐火等级为一、二级的高层建筑物的防火间距为 13 m，同时规定了高层建筑与其他民用建筑之间的防火间距、其他民用建筑之间的防火间距等。

2. 采光间距

为了保证充分的自然采光和通风，平行布置的南北朝向的多层住宅间距应大于南侧建筑物高度的 1.5 倍，其他方向平行布置的多层住宅间距按方向角进行折减，垂直布置的建筑物间距按平行布置的标准的 1/2 加 4 m 进行控制，其最小值为 9 m。

3.3.4 厂内道路与绿化布置

1. 厂内道路布置

道路布置的主要任务是确定道路的各项技术要求，包括道路的位置、宽度以及转弯半径的控制等。

1）道路设计的一般原则

（1）道路布置必须满足各种使用功能的要求：满足各种交通运输的要求，满足车行和人行安全的要求，满足建筑布置有较好朝向的要求，满足道路与绿化、道路与工程设施等统一协调的要求。

（2）道路布置应做到既适用又节约用地，留有良好的建筑条件。

（3）道路布置要利用好自然地形。

2）道路平面设计

在场地中，人车通道经常与小广场、庭院等复合在一起，所以道路设计既要考虑人车通行，也要考虑人流的集散和车辆进出转弯等方面的要求。对于单纯的道路，宽度不应过大，否则造成浪费。通常情况下，道路布置宜与景观等相结合，因地制宜，一举多得。

《民用建筑设计统一标准》（GB 50352—2019）规定，基地内车行通路宽度不应小于 4.0 m，双车通路宽度不应小于 8.0 m，人行通路宽度不应小于 1.5 m。长度超过 35.0 m 的尽端式车行路应设回车场。供消防车使用的回车场不应小于 15.0 m×15.0 m，大型消防车的回车场不应小于 18.0 m×18.0 m。

GB 50016—2014 规定，消防车道的净宽度和净空高度均不应小于 4.0 m；消防车道靠建筑外墙一侧的边缘距离建筑外墙不宜小于 5.0 m。

道路边缘距离相邻建筑物的最小安全距离见表 3-1。

表 3-1　道路边缘距离相邻建筑物的最小安全距离

相邻建筑物名称	最小安全距离/m
（1）建筑物外墙面	
a. 当建筑物面向道路一侧无出入口时	2.0～5.0
b. 当建筑物面向道路一侧有出入口，但出入口不通行汽车时	2.5～5.0
c. 当建筑物面向道路有汽车出入时	6.0～8.0
（2）各类管道支架	1.0
（3）围墙	1.0

2. 绿化布置

绿化布置是环境工程总平面布置与设计中的有机组成部分，对场地的环境效益和社会效益有着举足轻重的作用。环境工程绿化的主要功能包括滤尘与降噪功能、去碳与供氧功能、隔离与防护功能、庇荫与降温功能、净化与美化功能等。

1）绿化布置原则

环境工程绿化布置应在深入研究生产性质、工艺流程、污染物治理的基础上，因地制宜地进行绿化设计与研究，使植物的绿化作用与其环境功能相结合，形式与内容相统一，取得一举多得的效果。环境工程中绿化布置原则包括以下几个方面。

（1）满足生产和工艺要求的原则。根据生产性质、生产规模以及污染状况等，选择植物种类、绿化方式等，使绿化适应生产，有利于生产，保护和改善场地环境。①根据生产性质，配置适应性强、具有抵抗污染性能的植物。精密电子企业场地不应种植盛产花絮的树种；产生自聚现象的化工污染物场地不应种植绿篱及茂密的灌木，避免相对密度较大的可燃气体聚集。②不同的环境工程对绿化功能的要求各有侧重，选择绿化方式时，重点考虑其主要功能，同时兼顾其他功能的要求，因地制宜，对症下药。对于噪声（如车间中的空气压缩机、汽锤等）、粉尘（如水泥厂）、风沙污染严重的场地，宜利用不同植物高度差进行多排密植，形成错落有致的绿色屏障，进行有效遮蔽。③根据生产对采光、通风、隔热等方面的要求确定绿化植物高度特征，避免树影妨碍采光，避免因植物过于茂密而影响厂房通风。

（2）保证安全生产的原则。①架空线下宜种植低矮灌木和草本植物，甚至不进行绿化。②场地绿化不应影响地下管线的敷设与正常运行。③膨胀土场地，距离建（构）筑物外墙 5 m 以内的空地上，不应种植吸水量大、蒸腾量大的树木。

（3）适地适树，易于管理的原则。环境污染会影响植物的生长发育，植物生长受抑制时，抗病虫害的能力就有所减弱，易感染各种病虫害。所以，环境工程场地绿化应选择生长良好、发病率低、易于管理的植物。

（4）与区域环境相协调的原则。场地绿化设计应与建（构）筑物相协调，与周边的总体绿化布局相适宜，用园林、造景、绿地等形式丰富景观，起到烘托主体的作用。绿化应全面规划、合理布局，形成点、线、面相结合，自成系统的绿化布局，从厂前区到生产区，从作业场到仓库堆场，将建（构）筑物掩映于绿茵之中。绿化设计应在丰富内涵、循序渐进、推陈出新的基础上，将场地的绿化、景观观赏和生态保护融于一体，追求良好的环境效益与和谐的艺术效果。

2）绿化形式与注意事项

（1）绿化形式。一般来说，环境工程场地布置比较紧凑，要达到理想的绿化效果需要进行立体绿化。场地立体绿化是在围墙、厂区、建（构）筑物等处，采用地面绿化、屋面绿化、垂直绿化及棚架绿化等立体方式进行绿化，形成全方位的园林植物体。场地立体绿化是解决绿化率、容积率、舒适度及建设成本之间一系列矛盾的重要措施。

①地面绿化。地面绿化是绿化的主要方式，主要包括道路绿化、屋旁绿化、绿地布设等。道路绿化是场地绿化的重要组成部分，在绿化覆盖率中占较大比例。以乔木为主，乔木、灌木、地被植物相结合的道路绿化，防护效果佳，地面覆盖好，景观层次丰富，能更好地发挥其功能作用。道路绿化分为道路绿带、交通岛绿地、广场绿地和停车场绿地等。道路绿化应远近期结合，互不影响。即道路绿化设计要有长远观点，绿化树木不应经常更换、移植。同时，道路绿化建设的近期效果也应重视，使其尽快发挥功能作用。

②屋面绿化。在较宽阔的厂区建筑屋顶布置植物、建筑小品等园林要素，构成屋顶花园。屋顶花园不仅丰富了视觉效果，而且在调节气温、防止污染、提高建筑隔热保温性能和改善生态环境方面效果较好。但是，对于一些受工艺条件限制的生产性建筑，不具备屋顶绿化的条件时，应妥善考虑。

③垂直绿化。环境工程建筑密度大，绿化用地有限，因此应发展垂直绿化，多布置藤蔓植物，扩大立体覆盖面积，丰富绿化的层次和景观。垂直绿化应在充分考虑墙面和厂区建筑的造型、色彩、门窗结构的前提下，结合备选植物的生活特性，做好造型的设计与控制。

④棚架绿化。在一些不宜直接攀缘生长植物的建筑物、构筑物空间，搭设一定结构的棚架进行绿化，从而形成厂区绿色的视觉走廊。这种绿化方式一般在成片的、靠近职工宿舍附近的集中绿地内，结合小游园建设进行布设。

（2）道路绿化注意事项。道路绿化设计时，绿化植物与架空线、地下管线、建筑物、构筑物以及其他设施之间的空间关系，应符合《城市道路绿化规划与设计规范》（CJJ 75—97）的相关规定。

①道路绿化与架空线的关系。在分车绿带和行道树绿带上方不宜设置架空线，设置时应保证架空线下有不小于 9 m 的树木生长空间，架空线下配置的乔木应选择开放型树冠或耐修剪的树种。树木与架空电力线路导线的最小垂直距离应符合表 3-2 的规定。

表 3-2　树木与架空电力线路导线的最小垂直距离

电压/kV	1～10	35～110	154～220	330
最小垂直距离/m	1.5	3.0	3.5	4.5

②道路绿化与地下管线的关系。新建道路或经改建后达到规划红线宽度的道路，其绿化树木与地下管线外缘的最小水平距离应符合表 3-3 的规定，行道树绿带下方不得敷设管线。

表 3-3　树木与地下管线外缘最小水平距离　　　　　　　　单位：m

管线名称	距乔木中心距离	距灌木中心距离
电力电缆	1.0	1.0
电信电缆（直埋）	1.0	1.0
电信电缆（管道）	1.5	1.0
给水管道	1.5	—
雨水管道	1.5	—
污水管道	1.5	—
燃气管道	1.2	1.2
热力管道	1.5	1.5
排水盲沟	1.0	—

③道路绿化与其他设施的关系。树木与其他设施的最小水平距离应符合表 3-4 的规定。

表 3-4 树木与其他设施的最小水平距离   单位：m

设施名称	距乔木中心距离	距灌木中心距离
低于 2 m 的围墙	1.0	—
挡土墙	1.0	—
路灯杆柱	2.0	—
电力、电信杆柱	1.5	—
消防龙头	1.5	2.0
测量水准点	2.0	2.0

思考与练习

1. 简述选择工艺流程的原则。

2. 选择工艺流程的基本步骤有哪些？

3. 绘制工艺流程图包括哪些主要内容？

4. 简述环境工程总平面设计要求以及园林绿化的主要功能。

5. 简述厂房布置设计的原则和需要注意的事项。

6. 建设地址选择应遵循哪些原则？

7. 厂址选择应符合哪些环保要求？

第4章 环境工程项目概预算与经济评价

环境工程项目概预算（以下简称概算）是工程概算的一种，对于环境工程项目基建工程的计划管理，合理节约使用资金，充分发挥投资效能，加强施工管理和经济核算，降低工程成本，提高设计质量，多、快、好、省地完成建设任务有着重要作用。环境工程项目经济评价是项目前期研究诸多内容中的重要内容和有机组成部分。

4.1 环境工程项目概算

4.1.1 项目概算的概念

项目概算是指建设项目工程在开工前，对所需的各种人力、物力资源及资金的预先计算。其目的在于有效地确定和控制建设项目的投资和进行人力、物力、财力的准备工作，以保证工程项目的顺利建成。

建设工程设计概算与施工图预算是在进行建设工程程序中制定的，根据不同阶段设计文件的具体内容和国家规定的定额、指标及各项费用取费标准，预先计算和确定每项新建、扩建、改建和重建工程所需要的全部投资额的文件，是建设项目在不同建设阶段经济上的反映，是按照国家规定的特殊计划程序，预先计算和确定建设项目工程价格的计划性文件。

建筑及设备安装工程概算与预算是建设项目概算与预算文件的内容之一，也是根据不同阶段设计文件的具体内容和国家规定的定额、指标及各项费用取费标准，预先计算和确定建设项目投资额中建筑及设备安装工程部分所需要的全部投资额的文件。

概算所确定的每一个建设项目、单项工程或其中单位工程的投资额，实质上就是相应工程的计划价格。

4.1.2　项目概算的分类

根据我国的设计和概算文件编制以及管理方法，对建设工程规定：

（1）采用两阶段设计的建设项目，在初步设计阶段必须编制设计概算，在施工图设计阶段必须编制施工图预算。

（2）采用三阶段设计的建设项目，在技术设计阶段，必须编制修正总概算。

（3）在基本建设全过程中，根据基本建设程序的要求和国家有关文件规定，除编制建设预算文件以外，在其他建设阶段还必须编制以设计概算为基础（投资估算除外）的其他有关经济文件。

按照建设工程的建设工程顺序，建设项目概算分为投资估算、设计概算、修正概算、施工图预算、施工预算、工程决算和竣工决算。下面对其进行详细介绍。

1）投资估算

投资估算一般是指在建设项目前期的工作阶段，建设单位向国家申请拟建设项目或国家对拟建设项目进行决策时，确定建设项目在规划、项目建议书、设计任务书等不同阶段的相应投资总额而编制的经济文件。

国家对任何一个拟建项目，都要通过全面的可行性论证后才能决定其是否正式立项。在可行性论证过程中，除了要考虑国家经济发展上的需要和技术上的可行性，还要考虑经济上的合理性。投资估算是在设计前期各个阶段的工作中论证拟建项目在经济上是否合理的重要文件。

投资估算的作用是：

（1）国家决定拟建项目是否需要继续进行研究的依据；

（2）国家审批项目建议书的依据；

（3）国家审批设计任务书的重要依据；

（4）国家编制中长期规划、保持合理比例和投资结构的重要依据。

投资估算主要根据投资估算指标、概算指标、类似工程预（决）算等资料，按照指数估算法、系数法、单位产品投资指标法、平方米造价估算法、单位体积或重量估算法等进行编制。

2）设计概算

设计概算是指在初步设计或扩大初步设计阶段，根据设计要求对工程造价进行的概略的计算，它是设计文件的组成部分。其作用是：

（1）国家确定和控制建设投资额的依据；

（2）编制投资计划的依据；

（3）选择最优设计方案的重要依据；

（4）实行建设项目投资大包干的依据；

（5）实行投资包干责任制和招标承包制的重要依据；

（6）银行办理拨款、贷款和结算以及实行财政监督的重要依据；

（7）基本核算工作的重要依据；

（8）设计概算、施工图预算和竣工结算对比的基础。

3）修正概算

修正概算是指采用三阶段设计形式时，在技术设计阶段，随着设计内容的深化，可能会发现建设规模、结构性质、设备类型和数量等内容与初步设计内容相比有出入。为此，建设单位根据技术设计图纸、概算指标或概算定额、各项费用取费标准、建设地点的技术条件和设备预算价格等资料，对初步设计总概算进行修正而形成一个经济文件。其作用与初步设计概算基本相同。

4）施工图预算

施工图预算是指在施工图设计阶段，在工程设计完成后、单位工程开工前，施工单位根据施工图纸计算工程量，对施工进行设计，同时根据国家规定的现行工程预算定额、单位估价表、各项费用的取费标准、建筑材料预算价格以及建设地区的自然条件、技术经济条件等资料，进行计算和确定单位工程或单项工程的建设费用，形成的经济文件。其作用是：

（1）确定单位工程和单项工程造价预算的依据；

（2）落实或调整年度建设计划的依据；

（3）实行招标、投标，实行工程预算包干、进行工程竣工决算的重要依据；

（4）在委托承包时，是办理财务拨款、工程贷款和工程结算的依据；

（5）施工单位编制施工计划的依据；

（6）加强施工企业实行经济核算的依据。

5）施工预算

施工预算是指施工阶段在施工图预算的控制下，施工队根据由施工图计算的分项能定额（包括劳动定额、材料和机械台班消耗定额）、单位工程施工的组织设计或分部（项）工程施工的过程设计，以及降低工程成本的技术组织措施等资料，通过工程分析，计算和确定完成一个单项工程或其中的分部（项）工程所需的人工、材料和机械台班消耗量及其相应费用的经济文件。其作用是：

（1）施工企业对单位工程实行计划管理，编制施工、材料、劳动力等计划的依据；

（2）实行班组经济核算，考核单位用工、限额领料的依据；

（3）施工队向班组下达工程施工任务书和施工过程中检查与监督的依据；

（4）班组推行全优综合奖励制度的依据；

（5）施工图预算和施工预算对比的依据；

（6）单位工程原始经济资料之一，也是开展造价分析和经济对比的依据。

6）工程决算

工程决算是指一个单项工程、单位工程、分部工程或分项工程完工并经建设单位，以及经有关部门验收后，施工单位根据施工过程中现场实际情况的记录、设计变更通知书、现场工程更改签证、预算定额、材料预算价格和各项费用标准等资料，在概算的范围内和施工图纸的基础上，按照规定的编制向建设单位（甲方）办理结算工程价款，取得的收入用以补助施工过程中的资金耗费，确定施工盈亏形成的经济文件。

7）竣工决算

竣工决算是指在竣工验收阶段由建设单位编制的建设工程项目从筹建到建成投用或使用的全部实际成本的技术文件。它是建设投资管理的重要环节，是工程竣工验收、使用的重要依据，也是工程建设财务总结，是银行对其实行监督的必要手段。

4.1.3 环境工程项目概算

1. 概算的内容

设计概算分为单位工程概算、单项工程综合概算和建设项目总概算三级概算。

单位工程概算是确定单项工程中的各单位工程建设费用的文件，是编制单项工程综合概算的依据。单位工程概算分为建筑工程概算和设备及安装工程概算两大类。建筑工程概算分为一般土建工程概算、给排水工程概算、采暖工程概算、通风工程概算、特殊构筑物工程概算、工业管道工程概算和电器照明工程概算；设备及安装工程概算分为机械设备及安装工程概算、电气设备及安装工程概算。

单项工程综合概算是确定一个单项工程所需建设费用的文件，是根据单项工程内各专业单位工程概算汇总编制而成的。

建设项目总概算是确定整个建设项目从筹建到竣工验收所需全部费用的文件。它是由各单项工程综合概算以及工程建设其他费用和预备费用概算汇总编制而成的。

2．基本编制方法

编制工程概算有利用概算定额编制、利用概算指标编制、利用类似概算或预算编制 3 种方法。

1）利用概算定额编制工程概算

初步设计或扩大初步设计较深化，结构、建筑要求比较明确，基本上能估算出各种结构工程数量者，可以根据概算定额来编制建筑工程概算书，其步骤如下：

（1）根据设计图纸和概算定额所规定的工程量计算规则计算工程量；

（2）根据确定的工程量和概算定额的基价计算直接费用；

（3）计算间接费用、计划利润和税费；

（4）将直接费用、间接费用、计划利润和税费相加，即得出一般土建工程概算；

（5）将建筑工程概算价值除以建筑面积，即得出技术经济指标；

（6）做出材料分析，一般建筑工程概算只计算钢材、水泥和木材。

2）利用概算指标编制工程概算

在设计处于初步阶段，尚无法估算工程数量，或在方案阶段，初具轮廓估算造价时，可以根据概算指标编制概算。

（1）概算指标的选用。在不同的情况下选择不同的概算指标；

（2）用概算指标编制概算的方法：工程概算价值=建筑面积×概算指标，工料用量=建筑面积×工料概算指标。

3）利用类似概算或预算编制工程概算

类似预算是指已经编制好的，在结构、层次、构造特征、建筑面积、层高上与拟编概算工程类似的工程预算。采用类似预算编制概算的方法如下：

（1）熟悉拟建工程的设计图纸，计算工程量；

（2）选择类似预算，当拟建工程与类似预算工程在结构构造上有部分差异时，将每百平方米建筑面积造价及人工、主要材料数量进行修正；

（3）当拟建工程与类似预算工程在人工工资标准、材料预算价格、机械台班使用费用及有关费用有差异时，测算调整系数；

（4）根据拟建工程建筑面积以及类似预算资料、修正数据和调整系数，计算出拟建工程的调整造价和各项经济指标。

4.1.4　环境工程项目安装工程概算

各种工艺设备、动力设备、运输设备、实验设备、变电和通信设备等工程的概算价值由设备原价、设备运杂费、设备安装费和施工管理费所组成。编制概算时要分别计算这些费用。

1. 编制依据

标准设备按照生产厂家现行出厂价格计算；非标准设备按照制造厂家报价。

（1）设备原价：标准设备按生产厂家现行出厂价格计算；非标准设备按照厂家报价参考有关类似资料估算。

（2）设备运杂费：按各地统一实行的运杂费率计算。

（3）设备安装费：按各专业部门制定的专业安装概算指标或定额指标计算。

2. 设备购置费概算

编制设备购置费概算的步骤：根据初步设计所附加的设备清单中相应的设备原价计算设备总价，然后再根据设备总原价和设备运杂费率计算设备运杂费，两项相加即为设备购置费概算。设备购置费概算计算公式为

设备购置费概算=Σ（设备清单中的设备数量×设备原价）×（1+运杂费率）

或设备购置费概算=Σ（设备清单中的设备数量×设备预算原价）　　　（4-1）

3. 设备安装工程概算

编制设备安装工程概算，应按照初步设计或扩大初步设计的深度和对概算要求的粗细程度，决定编制的依据。可参考下面两种方法编制：

（1）按每套设备、每吨设备、设备容重或设备价值，乘以一定的安装百分率计算；

（2）按设备的安装概算指标计算。

4. 采暖、通风、给排水、电器照明和通信工程设计概算的编制同土建工程的编制方法，可以采用概算定额、概算指标、类似预算等几种编制方法。

5. 设备及安装工程概算的编制

其工程内容如下：

（1）机械及设备安装工程包括各种工艺设备及各种运输设备，锅炉、内燃机等动力设备，工业用泵与通风设备以及其他设备；

（2）电气设备和安装工程包括传动电气设备，吊车电气设备和控制设备，变电及整流电气设备，弱电系统设备（包括电话、通信、广播和信号等设备以及自动控制设备等）。

概算编制包括设备购置费概算和设备安装工程概算。

4.1.5　环境工程项目单项工程综合概算

1. 单项工程综合概算编制

1）编制说明

（1）工程概况：介绍单项工程的生产能力和工程概貌。

（2）编制依据：说明设计文件的依据。

（3）编制方法：说明概算编制是根据概算定额、概算指标还是类似预算。

（4）主要设备和材料的数量：说明主要机械设备、电气设备及主要建筑安装材料等的数量。

（5）其他相关的问题。

2）综合概算表

综合概算表除了要将该单项工程所包括的所有单位工程概算，按费用构成和项目划分填入表内，还需要列出技术经济指标。技术经济指标的计量单位可以根据房屋和构筑物及其各个单位工程性质、类型和用途确定。总的技术经济指标是该项工程所有技术经济指标的集中体现，也是评价该项工程设计经济合理性的最主要的指标。

2．其他工程和费用概算

其他工程和费用概算的主要内容有：土地征购费、建设场地原有建筑物及构筑物的拆除费、场地平整费、建设单位管理费、生产职工培训费、办公及生产用具购置费、工具器具及生产用具购置费、联合试车费、厂外道路维修费、建设场地清理费、施工单位转移费、冬（雨）季施工费、夜间施工费、远征工程增加费、因施工需要而增加的其他费用、材料差价、计划利润、不可预见工程费等。以上费用均按规定进行计算。

4.2 环境工程工程量清单

4.2.1 工程量清单基本概念

工程量清单由具有编制招标文件能力的招标人，或受其委托具有相应资质的工程造价咨询机构、招标代理机构，依据最新颁布的《建设工程工程量清单计价规范》（GB 50500—2013）（以下简称《计价规范》）及招标文件的有关要求，结合设计文件及有关说明和施工现场实际情况，将拟建招标工程的全部项目和内容，依据统一的工程量计算规则、统一的工程量清单项目编制规则要求，计算拟建招标工程的分部分项工程数量的表格。简单来说，工程量清单就是表现拟建工程的分部分项工程项目、措施项目、其他项目的名称和相应数量以及规费、税金项目等内容的明细清单。

工程量清单是承包合同的重要组成部分，是编制招标工程标底价、投标报价和工程结算时调整工程量的依据，应由具有相应资质的中介机构进行编制，并符合以下要求：

（1）工程量清单格式应符合《计价规范》的有关规定要求；

（2）工程量清单必须依据《计价规范》规定的工程量计算规则、分部分项工程项目划分及计量单位的规定，结合施工设计图纸、施工现场情况和招标文件中的有关要求进行编制。

4.2.2　工程量清单编制

根据《计价规范》的规定，工程量清单应由分部分项工程量清单、措施项目清单和其他项目清单组成。

分部分项工程量清单表明招标人对于拟建工程的全部分项实体工程的名称和相应的数量，投标人对招标人提供的分部分项工程量清单必须逐一计价，对清单所列内容不允许做任何更改变动。投标人如果认为清单内容有不妥或遗漏，只能通过质疑的方式由清单编制人做统一的修改更正，并将修正后的工程量清单发给所有投标人。

措施项目清单表明为完成分项实体工程而必须采取的一些措施性工作。投标人对招标文件中所列项目，可根据企业自身特点做适当的变更增减。投标人要对拟建工程可能发现的措施项目和措施费用作通盘考虑，清单计价一经报出，即被认为是包括所有应该发生的措施项目的全部费用。如果报出的清单中没有列项，而又是施工中必须发生的项目，业主有权认为，其已经综合在分部分项工程量清单的综合单价中。将来措施项目发生时，投标人不得以任何借口提出索赔与调整。

其他项目清单主要体现了招标人提出的一些与拟建工程有关的特殊要求。招标人填写的内容随招标文件发至投标人或标底编制人，其项目、数量、金额等投标人或标底编制人不得随意改动。由投标人填写部分的零星工作项目表中，招标人填写的项目与数量，投标人不得随意更改，且必须进行报价。如果不报价，招标人有权认为投标人就本报价内容要无偿为自己服务。当投标人认为招标人列项不全时，投标人可自行增加列项并确定本项目的工程数量及计价。

4.2.3　工程量清单计价

工程量清单计价是建设工程招投标中，招标人或招标人委托具有资质的中介机构按照国家统一的工程量清单《计价规范》，由招标人列出工程数量作为招标文件的一部分提供给投标人，投标人自主标价经评审后确定中标的一种主要工程计价模式。

实行工程量清单计价的主旨是要在全国范围内，统一项目编码、统一项目名称、统一计量单位、统一工程量计算规则。在这"四个统一"的前提下，由国家主管职能部门统一编制《计价规范》，作为强制性标准，在全国统一实施。

《计价规范》规定，单位工程造价由分部分项工程费、措施项目费、其他项目费和规费、税金组成。其中分部分项工程费、措施项目费和其他项目费是由各自清单项目的工程量乘以清单项目综合单价汇总，即

$$分部分项工程费=\Sigma（清单项目工程量×清单项目综合单价）$$

$$措施项目费=\Sigma（清单项目工程量×清单项目综合单价）\qquad(4-2)$$

$$其他项目费=\Sigma（清单项目工程量×清单项目综合单价）$$

清单项目的工程量由工程量清单提供，投标人的投标报价需在工程量清单的基础上先计算出各清单项目的综合单价，即组价。在提交投标文件的同时，须按照投标文件的要求提交清单项目的综合单价及综合单价分析表，以便于评标。

1. 工程量清单计价的作用

实行工程量清单计价主要有以下作用。

（1）实行工程量清单计价，是规范建设市场秩序，适应社会主义经济发展的需要。工程量清单计价是市场形成工程造价的主要形式，有利于发挥企业自主报价的能力，实现由政府定价向市场定价的转变；有利于规范业主在招标中的行为，有效避免招标单位在招标中盲目压价的行为，从而真正体现公开、公平、公正的原则，适应市场经济规律。

（2）实行工程量清单计价，是促进建设市场有序竞争和健康发展的需要。工程量清单招标投标，对招标人来说由于工程量清单是招标文件的组成部分，招标人必须编制出准确的工程量清单，并承担相应的风险，促进招标人提高管理水平。由于工程量清单是公开的，将避免工程招标中弄虚作假、暗箱操作等不规范的行为。对投标人来说，要正确进行工程量清单报价，必须对单位工程成本、利润进行分析，精心选择施工方案，合理组织施工，合理控制现场费用和施工技术措施费用。此外，工程量清单对保证工程款的支付、结算都起到重要作用。

（3）实行工程量清单计价，有利于我国工程造价政府管理职能的转变。实行工程量清单计价，将过去由政府控制的指令性定额计价转变为制定适宜市场经济规律需要的工程量清单计价方法，从过去政府直接干预转变为对工程造价依法监督，有效地加强政府对工程造价的宏观控制。

（4）实行工程量清单计价，是适应我国加入世界贸易组织（WTO），融入世界大市场的需要。随着我国改革开放的进一步加快，中国经济日益融入全球市场，特别是我国加入世界贸易组织后，建设市场将进一步对外开放，国外的企业以及投资的项目越来越多地进入国内市场，我国企业走出国门进行海外投资和经营的项目也在增加。为了适应这种对外开放建设市场的形势，就必须与国际通行的计价方法相适应，为建设市场主体创造一个与国际管理接轨的市场竞争环境，有利于提高国内建设各方主体参与国际化竞争的能力。

2．工程量清单计价特点

1）统一计价规则

通过制定统一的建设工程量清单计价方法、统一的工程量计量规则、统一的工程量清单项目设置规则，达到规范计价行为的目的。这些规则和办法是强制性的，建设各方面都应该遵守，这是工程造价管理部门首次在文件中明确政府应管什么、不应管什么。

2）有效控制消耗量

通过由政府发布统一的社会平均消耗量指导标准，为企业提供一个社会平均尺度，避免企业盲目或随意大幅度减少或扩大消耗量，从而达到保证工程质量的目的。

3）彻底放开价格

将工程消耗量定额中的工、料、机价格和利润，管理费全面放开，由市场的供求关系自行确定价格。

4）企业自主报价

投标企业根据自身的技术专长、材料采购渠道和管理水平等，制订企业自己的报价定额，自主报价。企业尚无报价定额的，可参考使用造价管理部门颁布的《建设工程消耗量定额》。

5）市场有序竞争形成价格

通过建立与国际惯例接轨的工程量清单计价模式，引入充分竞争形成价格的机制，制定衡量投标报价合理性的基础标准，在投标过程中，有效引入竞争机制，淡化标底的作用，在保证质量、工期的前提下，按《中华人民共和国招标投标法》及有关条款规定，最终以"不低于成本"的合理低价者中标。

4.3 环境工程经济评价

4.3.1 环境工程技术经济指标

技术经济学中所列的技术经济指标尽管很多，但从环保设备或系统的特点出发，其技术经济指标基本上可分为三类：第一类是反映已形成使用价值的收益类指标；第二类是反映使用价值的消耗类指标；第三类是与上述两类指标相联系，反映技术经济效益的综合指标。

1．收益类指标

1）处理能力

处理能力是指单位时间内能处理"三废"物质的量，如水处理设备的流量大小、除尘设备的风量大小等。显然，环保设备的处理能力与处理工艺、设备、体积消耗以及总造价密切相关。

2）处理效率

处理效率是指通过处理后的污染物去除率。环保设备的处理效率与处理对象有关，如除尘设备的分级效率就对尘粒大小较为敏感。

3）设备运行寿命

设备运行寿命是指既能保证环境治理质量，又能符合经济运行要求的环保设备运行寿命。实质上也是代表环保设备投资的有效期。

4）"三废"资源化能力

"三废"资源化能力是指通过处理获得的直接经济价值，如回收硫、回收贵金属、水循环、废渣制建材等。

5）降低损失水平

降低损失水平是指通过环保设备对污染源进行治理后，改善了环境质量，减少或免交处理前的环境污染赔偿费，或减少生产资料损失。如改善了排水状况、降低对捕鱼量的影响等。

6）非货币计量效益

非货币计量效益是指通过环保设备对污染源进行治理后，产生的不能直接用货币计量的效益，如空气的净化、环境幽雅舒适、社会稳定等。

2．消耗类指标

1）投资总额

投资总额是指购置和制造环保设备支出的全部费用，含购买、制作、安装等直接费用和管理费、占地费等非直接费用。

2）运行费用

运行费用是指让环保设备正常运行所需的全部费用。包括直接运行费（如人工、水、电、材料）和间接运行费（如管理、折旧等）。

3）设置耗用时间

设置耗用时间是指环保设备从开始投资到实际运行所耗用的时间，它反映了从购买到形成使用价值的速度。

4）有效运行时间

有效运行时间是指环保设备每年实际运行时间，常用有效利用率表示。

$$有效利用率=年累计运行时间/年计划运行时间 \tag{4-3}$$

3．综合指标

1）寿命周期费用

环保设备的寿命周期费用，是指环保设备在整个寿命周期过程中所发生的全部费用。所谓寿命周期，是指从研究开发开始，经过制造和长期使用直到报废或被其他设备取代为止，所经历的整个时期。

2）环境效益指数

环境效益指数是反映使用环保设备后环境质量改善的综合指标。其计算公式为

$$环境效益指数 = \frac{治理前后污染物排放量之差}{该污染物的允许排放量} \tag{4-4}$$

3）投资回收期

投资回收期是以环保设备的净收益（包括直接收益和间接收益）抵偿全部投资所需的时间，一般以年为单位，是考虑环保设备投资回收能力的重要指标。根据是否考虑货币资金的时间价值，投资回收期可分为静态投资回收期和动态投资回收期。

静态投资回收期的计算公式为

$$N_t = \frac{T_i}{M} \tag{4-5}$$

式中：T_i —— 投资总额；

N_t —— 静态投资回收期，a；

M —— 年平均净收益。

动态投资回收期的计算公式为

$$N_d = \frac{-\lg\left(1 - \frac{T_i}{M}i\right)}{\lg(1+i)} \tag{4-6}$$

式中：i —— 基准收益率，%；

N_d —— 动态投资回收期，a。

【例 4-1】拟投资 1 000 万元建一个供水工程项目，估计每年可获得 200 万元净收入，基准收益率为 10%，求该项目的静态投资回收期和动态投资回收期。

静态投资回收期

$$N_t = \frac{T_i}{M} = \frac{1\,000}{200} = 5(a)$$

动态投资回收期

$$N_d = \frac{-\lg\left(1 - \frac{T_i}{M}i\right)}{\lg(1+i)} = \frac{-\lg\left(1 - \frac{1\,000}{200} \times 10\%\right)}{\lg(1+10\%)} = 7.5(a)$$

4.3.2　环境工程设计费用与设计方案成本

1. 设计费用

从环境治理工程的要求，到环保设备（或系统）设计工作完成，大致要经过方案论证、初步设计、施工图设计和竣工四个阶段。每个阶段要花费一定人力、材料、实验、能源、设备和其他方面的费用。这些费用的总和被称为设计费用。对环保设备设计进行技术经济分析必然涉及设计费用。一般而言，如果设计费用花得太少，就难免出现一些本该可以避免的设计缺陷，导致制造成本和使用成本上升，甚至有可能前功尽弃。但并不是设计费用花得越多越好。对于那些指标不适当的优化设计，尽管花了较高的设计费用，也不会得到很好的设计方案。同时那种不准备进行改进设计，要求工作图一次性准确无误的想法也是不切实际的，势必拖延下达图纸进行试制的时间。一般各个设计阶段花费不同，且后一个阶段都比前一个阶段的耗费高。但后一阶段是建立在前一阶段的基础上的。

设计费用由直接设计费用和间接设计费用构成。直接费用一般由编制技术文件费用、上机试验操作费用、试验研究费用和组织评价（包括方案论证、文件会审、产品鉴定等）费用组成。间接设计费用与直接设计费用不同，是指那些虽不是直接在设计过程中的花费，但主要是在设计过程中"孕育"的费用。间接设计费用往往被设计者所忽视，其重要性并不小于直接设计费用。间接设计费用在后续的过程中才能表现出其影响，包括对销售的影响、设备使用的影响、制造成本的影响、技术转让的影响、推广使用的影响以及对后续设计的影响等。

2．设计方案成本

设计方案成本是指按设计方案进行设备制造所需的制造成本。它是由直接材料费、直接人工费和制造费组成，其中直接材料费占40%～50%，人工费约占30%，制造费约占20%。下面介绍几种设计方案成本的估算方法。

1）系数法

系数法是根据以往研制或已经正式投产的同类产品或系列型谱中的基型产品的费用，来估算设计方案成本的方法。系数法又可分为简单系数法和综合系数法。

（1）简单系数法。

这种方法是以原材料费用的构成比例为基础进行计算的，其公式为

$$C_m = \frac{M_c}{f_M} \qquad (4\text{-}7)$$

式中：C_m —— 设计方案成本；

$\quad\ M_c$ —— 设计方案预计直接材料费；

$\quad\ f_M$ —— 同类设备直接材料费占成本比例。

（2）综合系数法。

其计算公式为

$$C_\mathrm{m} = M_\mathrm{c}\left(1 + \frac{f_\mathrm{w} + f_\mathrm{k}}{f_\mathrm{M}}\right) \tag{4-8}$$

式中：M_c —— 设计方案预计直接材料费；

　　　f_M、f_w、f_k —— 分别为直接材料费、直接人工费、制造费的系数，即直接材料费、直接人工费和制造费各自在产品成本中所占的比重。

2）额定成本法

其计算公式为

$$直接材料费 = \Sigma（某材料用量 \times 单价） \tag{4-9}$$

直接人工费即制造费用，直接材料费与直接人工费之和为设计方案成本。

思考与练习

1. 简述建设项目概算的概念。

2. 项目概算可以分为哪几类？

3. 建设项目概算的作用是什么？

4. 建设项目的造价由哪几部分构成？

5. 编制投资概算的依据包括哪些？

6. 如何编制建设项目设计概算？

7. 编制环境工程项目技术经济部分的目的是什么？包括哪些？

8. 环保设备的技术经济指标包括哪些？

9. 如何进行环保设备技术经济分析？

第二篇

AutoCAD 与 SketchUp
基础与实例操作

第 5 章　AutoCAD 基础知识

本章以 AutoCAD 2021 为主要平台，详细讲解环境工程中涉及的常用工程制图基础知识、典型环境工程设计图的绘制方法，以使读者更多了解环境工程制图技巧。本章分为 4 个部分，以简明的文字介绍了以 AutoCAD 2021 为主要平台的相关命令、操作方法与技巧，包括 CAD 基本使用功能与操作技巧以及各种图形的绘制与编辑修改方法。通过对实例的逐步讲解，力图使读者轻松掌握相关知识并提高绘图技能。通过学习，可以使读者快速掌握使用 AutoCAD 进行环境工程工艺流程图和总平面图布置图等各种环境工程设计图纸的快速绘制及应用方法。

5.1　图形界限与图层

5.1.1　图像界限

图形界限是指预先设置的最大绘图范围。

【功能】按实际物体或占地面积的大小，按 1∶1 的比例设置图纸的界限，理论上 CAD 的图形界限可以任意设置。栅格显示的边界，就是图形界限，绘图时一般不应超出图形界限，以免影响正确打印。

【下拉菜单】格式→图形界限

【命令】limits

5.1.2　图层应用

【功能】一个图层的功能相当于一支带有一种颜色和粗细的铅笔，就像手工绘图时需要不同的铅笔一样，在 CAD 中也需要设置几个不同的图层。一个图层中允许预先设置一种线型、线宽和颜色，一般要设置多个图层，才能满足绘图的需要。也可以把图层看成是绘制一种线型、线宽和颜色图形的透明纸，完整的图纸就是几个图层的叠加。可根据需要关闭某个图层，则在该图层绘制的图形不显示；若锁定、冻结某个图层，则在该图层绘制的图形不能被修改。

【下拉菜单】格式→图层

【命令】layer

5.1.3　实例操作 1

1. 图层设置

单击窗口栏中的"默认"，在"图层"栏中选择"图层特性"按钮，打开"图层特性管理器"对话框。

单击"新建图层"按钮创建新图层，创建图层名称为"粗实线""细实线""中心线""尺寸标注"以及"图案填充"的 5 个新图层。

单击"粗实线"层对应的"线宽"项，打开"线宽"对话框，选择 0.35 mm线宽，单击"确定"按钮退出。

用相同的方法分别设置"细实线""中心线""尺寸标注"以及"图案填充"图层的特性。将"细实线"图层的线宽设置为 0.09 mm，颜色设为黑色，线型为"Continuous"。"中心线"图层的线型设置步骤：单击"中心线"层所对应的"线型"项，打开"选择线性"对话框，单击"加载"按钮，选择"ACAD_ISO04W100"线型，单击"确定"按钮退出，在"已加载的线型"中选择"ACAD_ISO04W100"线型，单击"确定"按钮退出，"中心线"图层的线宽为默认，颜色设置为红色。将"尺寸标注"图层的线宽设置为默认，颜色设为绿色，线型为"Continuous"。将"图案填充"图层的线宽设置为默认，颜色设为黑色，线型为"Continuous"，填充的图案类型为"JIS_LC_20A"。同时让 5 个图层均处于打开、解冻和解锁状态。新建图层的各项设置如图 5-1 所示。

2. 绘制步骤

（1）将当前图层设置为"中心线"图层，绘制中心线。

（2）将当前图层设置为"粗实线"图层，绘制图形外部轮廓。

（3）将当前图层设置为"细实线"图层，绘制图形内部轮廓和阶梯。

（4）将当前图层设置为"尺寸标注"图层，绘制图形的尺寸标注。

（5）将当前图层设置为"图案填充"图层，绘制图形内部填充。

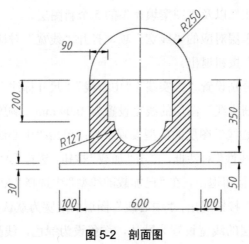

图 5-1　新建图层的各项设置

剖面图如图 5-2 所示。

图 5-2　剖面图

5.2　常用绘图命令

5.2.1　直线命令

【功能】画直线。

【下拉菜单】绘图→直线

【工具栏】

【命令】line

AutoCAD 提示：

指定第一点：（输入绘制直线的第一点）

指定下一点或［放弃（U）］：（输入直线下一点）

指定下一点或［闭合（C）/放弃（U）］：（输入直线另一点，或者输入"U"取消前一直线；或者按<Enter>键结束画线命令，或者输入"C"后连接目前光标点与起点之间的连线）

【说明】

（1）在"指定第一点："提示下按<Enter>键，表示以上一次的直线或圆弧命令的终点作为本次直线段的起点。如果上一次用的是圆弧命令，则以上一次圆弧的端点为起点绘制圆。

（2）弧的切线，此时只能输入直线的长度，而不能控制直线的方向。

（3）在"指定下一点或［放弃（U）］："和"指定下一点或［闭合（C）/放弃（U）］："下按<Enter>键，退出画直线命令。

（4）在绘制直线的过程中，如果给出方向，如打开正交 F8 或"<角度"，则此时只需在键盘上输入长度即可。

5.2.2　圆命令

【功能】画圆。

【下拉菜单】绘图→圆

【工具栏】⊘

【命令】circle

操作方法：单击"圆"下方的小三角，弹出如图 5-3 所示的 6 种绘图方式，各项的含义如下所述。

"圆心，半径"：圆心、半径绘制圆。

"圆心，直径"：圆心、直径绘制圆。

"两点"：2 点绘制圆，该 2 点的连线为圆的直径。

"三点"：不在一条直线上的 3 点绘制圆。

"相切，相切，半径"：绘制与两个实体相切，并给定半径的圆。

"相切，相切，相切"：绘制与 3 个实体相切的圆。

执行各种绘圆命令，系统都会给出相应的提示。

图 5-3

command：c

指定圆的圆心或［三点（3P）/两点（2P）/相切、相切、半径（T）］：（用鼠标拾取一点作为圆心）

（1）指定圆的圆心：用鼠标拾取一点作为圆心。

指定圆的半径或［直径（D）］：（输入圆的半径或直径）

若直接输入半径，如【例 5-1】所示。

（2）若输入 D 按<Enter>键，则接下来提示：

指定圆的直径<缺省值>：（输入圆的直径）

（3）2P：用键盘输入该命令或用鼠标单击下拉菜单：绘图/圆/两点后，AutoCAD 提示：

指定圆直径的第一个端点：（用鼠标拾取一点）

指定圆直径的第二个端点：（用鼠标拾取直径的另一端点，如【例 5-2】所示）

（4）3P：用键盘输入该命令或用鼠标单击下拉菜单：绘图/圆/三点后，AutoCAD 提示：

指定圆上的第一个点：（用鼠标拾取一点）

指定圆上的第二个点：（用鼠标拾取第二点）

指定圆上的第三个点：（用鼠标拾取第三点，如【例 5-3】所示）

（5）T：用键盘输入该命令或用鼠标单击下拉菜单：绘图/圆/相切，相切，半径后，AutoCAD 提示：

指定对象与圆的第一个切点：（捕捉切点，并在矩形上取点）

指定对象与圆的第二个切点：（捕捉切点，并在直线上取点）

指定圆的半径<缺省值>：（输入要绘制圆的半径，如【例 5-4】所示）

（6）下拉菜单：绘图/圆/相切，相切，相切（与 3 个实体绘制圆）则 AutoCAD 提示：

指定圆上的第一个点：（用鼠标在实体上取一点，即第一个实体与所绘制圆的切点）

指定圆上的第二个点：（用鼠标在实体上取一点，即第二个实体与所绘制圆的切点）

指定圆上的第三个点：（用鼠标在实体上取一点，即第三个实体与所绘制圆的切点，如【例 5-5】所示）

说明：

（1）直径的大小可直接输入数据或用鼠标在屏幕上点取两点的距离。

（2）当使用与实体相切方式绘圆时，用对象捕捉方式选切点。

（3）当使用相切方式绘制圆时，若在"指定圆的半径："提示输入的半径太大或太小，则会提示"圆不存在"并退出该命令的执行。这说明与两个具体实体相切的具体圆只有一个。

（4）圆本身是一个整体，不能用 pedit、explode 命令编辑，但可以使用 viewres 命令控制圆的显示分辨率，其值越大，显示的圆越光滑。viewres 值与输出图形无关，无论其值多大均不影响输出图形后圆的光滑度。

【例 5-1】"圆心，半径"画圆

（1）用鼠标单击下拉菜单：绘图/圆/圆心，半径，如图 5-4 所示。

（2）用鼠标拾取一点作为圆心，如图 5-5 所示。

（3）输入半径，如图 5-6 所示。

（4）按<Enter>键，圆的绘制完成，如图 5-7 所示。

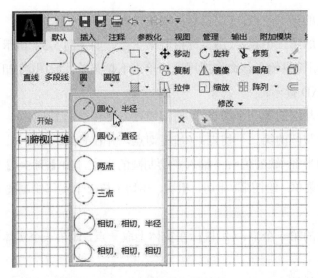

图 5-4

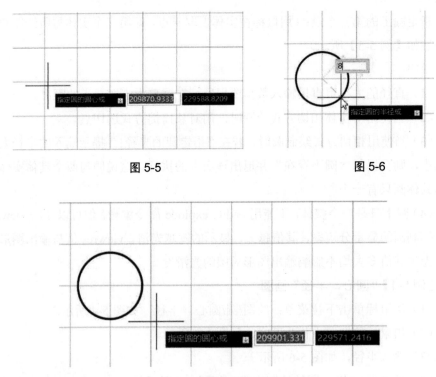

图 5-5　　　　　　　　　　　　图 5-6

图 5-7

【例5-2】"两点"画圆

（1）用鼠标单击下拉菜单：绘图/圆/两点，如图5-8所示。

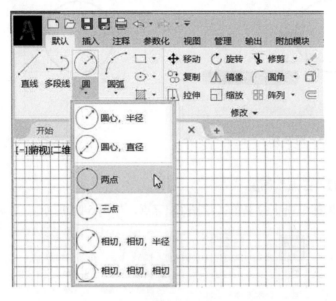

图 5-8

（2）用鼠标拾取一点作为直径的端点，如图5-9所示。

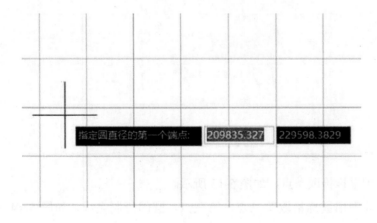

图 5-9

（3）用鼠标拾取直径的另一端点，圆的绘制完成，如图5-10、图5-11所示。

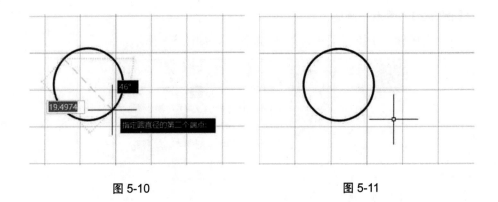

图 5-10   图 5-11

【例5-3】"三点"画圆

（1）用鼠标单击下拉菜单：绘图/圆/三点，如图 5-12 所示。

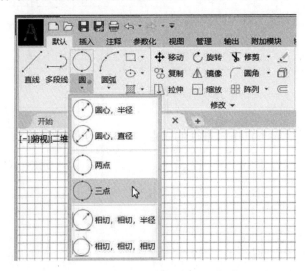

图 5-12

（2）用鼠标拾取一点，如图 5-13 所示。

（3）分别用鼠标拾取第二点、第三点，圆的绘制完成，如图 5-14～图 5-16 所示。

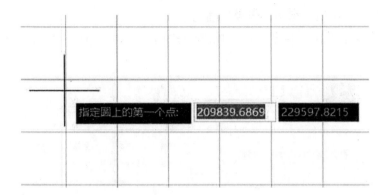

图 5-13

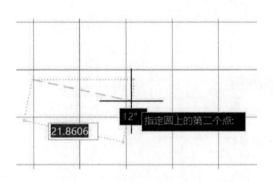

图 5-14

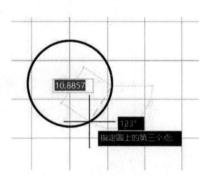

图 5-15

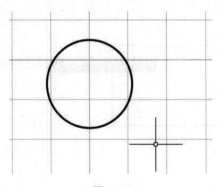

图 5-16

【例5-4】"相切，相切，半径"画圆

（1）用鼠标单击下拉菜单：绘图/圆/绘图/圆/相切，相切，半径，如图 5-17 所示。

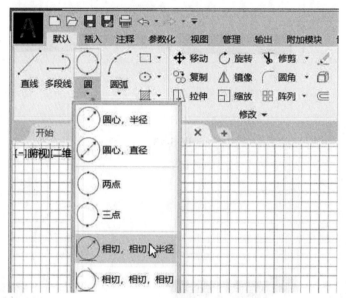

图 5-17

（2）捕捉切点，并在矩形上取点，如图 5-18 所示。

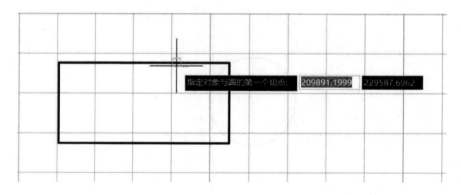

图 5-18

（3）捕捉切点，并在直线上取点，如图 5-19 所示。

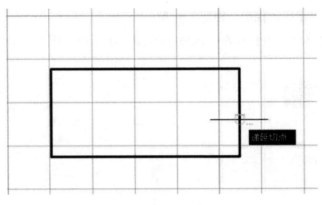

图 5-19

（4）输入半径，如图 5-20 所示。

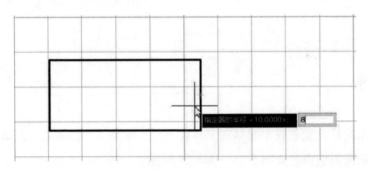

图 5-20

（5）按<Enter>键，圆的绘制完成，如图 5-21 所示。

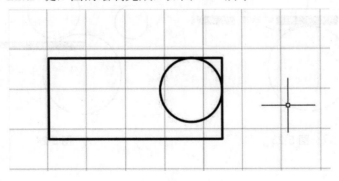

图 5-21

【例5-5】"相切，相切，相切"画圆

（1）用鼠标单击下拉菜单：绘图/圆/绘图/圆/相切，相切，相切，如图 5-22所示。

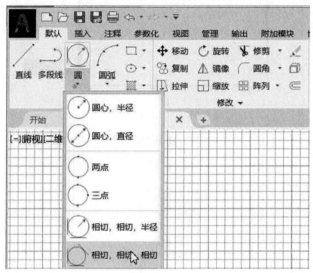

图 5-22

（2）用鼠标分别在三个实体圆上各取一点，即第一个、第二个、第三个实体圆与所绘制圆的切点，如图 5-23～图 5-25 所示。

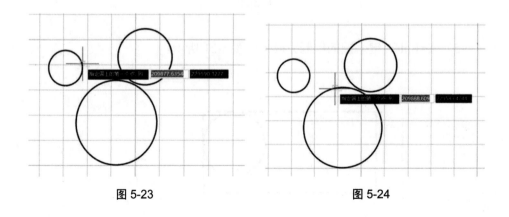

图 5-23　　　　　　　　　　　　　　　图 5-24

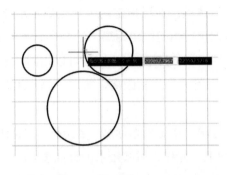

图 5-25

（3）圆的绘制完成，如图 5-26 所示。

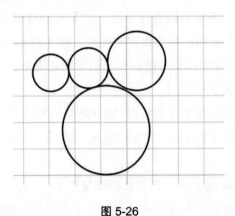

图 5-26

5.2.3　矩形命令

【功能】绘制指定要求的矩形。

【下拉菜单】绘图→矩形

【工具栏】

【命令】rectangle（或 rec）

指定第一个角点或 [倒角（C）/标高（E）/圆角（F）/厚度（T）/宽度（W）]：
（输入矩形第一个顶点，则显示指定另一个角点或 [面积（A）/尺寸（D）/旋转（R）]）

其中各选项含义如下。

（1）"第一个角点"选项：通过指定两个角点确定矩形，如【例5-6】所示。

（2）"倒角（C）"选项：指定倒角距离，绘制带倒角的矩形，如【例5-7】所示。每一个角点的逆时针和顺时针方向的倒角可以相同，也可以不同，其中第一个倒角距离是指角点逆时针方向倒角距离，第二个倒角距离是指角点顺时针方向倒角距离。

（3）"标高（E）"选项：指定矩形标高（Z坐标），即把矩形画在标高为Z和XOY坐标面平行的平面上，并作为后续矩形的标高值。

（4）"圆角（F）"选项：指定圆角半径，绘制带圆角的矩形，如【例5-8】所示。

（5）"厚度（T）"选项：指定矩形的厚度（如标高20，厚度10），在"视图"—"三维视图"—东南等轴测得矩形，如【例5-9】所示。

（6）"宽度（W）"选项：指定线宽的矩形，如【例5-10】所示。

（7）"面积（A）"选项：指定面积和长或宽创建矩形。

选择该项，系统提示：

①输入以当前单位计算的矩形面积<20.0000>：（输入面积值）

②计算矩形标注时依据［长度（L）/宽度（W）］<长度>：（按<Enter>键或输入W）

③输入矩形长度<4.0000>：（指定长度或宽度）

④指定长度或宽度后，系统自动计算另一个维度后绘制出矩形。如果矩形被倒角或圆角，则在长度或宽度计算中会考虑此设置。

（8）"尺寸（D）"选项：使用长和宽创建矩形。第二个指定点将矩形定位在与第一角点相关的4个位置之一内。

（9）"旋转（R）"选项：旋转所绘制的矩形的角度。选择该项，系统提示：

①指定旋转角度或［拾取点（P）］<45>：（指定角度）

②指定另一个角点或［面积（A）/尺寸（D）/旋转（R）］：（指定另一个角点或选择其他选项）

③指定旋转角度后，系统按指定角度创建矩形。

【例5-6】绘制矩形

（1）用鼠标单击下拉菜单：绘图/矩形，如图5-27所示。

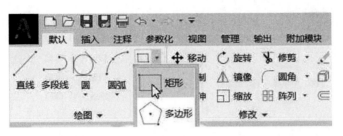

图 5-27

（2）分别用鼠标拾取第一个角点和第二个角点，矩形的绘制完成，如图 5-28～图 5-30 所示。

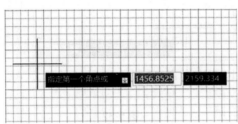

图 5-28

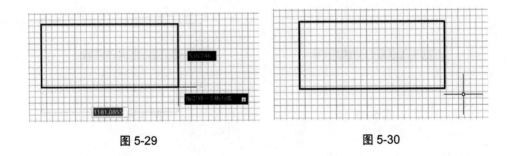

图 5-29   图 5-30

【例 5-7】绘制带倒角的矩形

（1）用鼠标单击下拉菜单：绘图/矩形，如图 5-31 所示。

（2）用键盘输入 "C"，如图 5-32 所示。

（3）分别用键盘输入矩形的第一个倒角距离、第二个倒角距离，如图 5-33 和图 5-34 所示。

（4）分别用鼠标拾取第一个角点和第二个角点，如图 5-35 和图 5-36 所示。

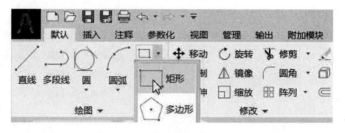

图 5-31

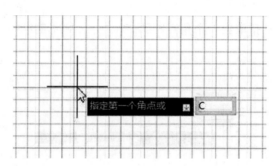

图 5-32

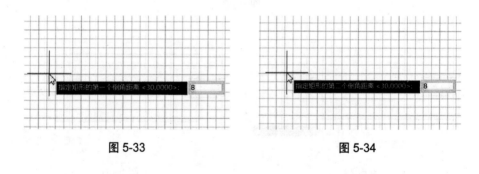

图 5-33 图 5-34

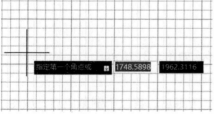

图 5-35

图 5-36

（5）带倒角的矩形绘制完成，如图 5-37 所示。

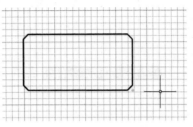

图 5-37

【例 5-8】绘制带圆角的矩形

（1）用鼠标单击下拉菜单：绘图/矩形，如图 5-38 所示。

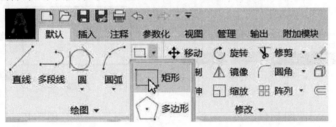

图 5-38

（2）用键盘输入"F"，如图 5-39 所示。

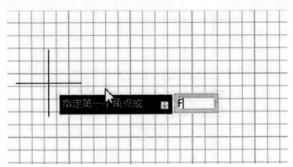

图 5-39

（3）用键盘输入矩形的圆角半径，如图 5-40 所示。

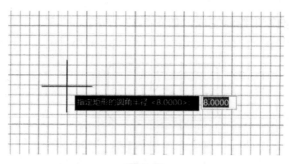

图 5-40

（4）分别用鼠标拾取第一个角点和第二个角点，如图 5-41、图 5-42 所示。

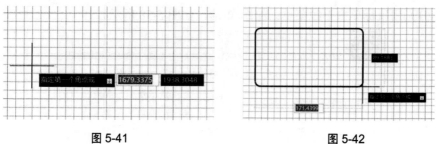

图 5-41   图 5-42

（5）带圆角的矩形绘制完成，如图 5-43 所示。

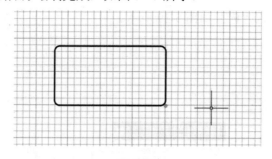

图 5-43

【例 5-9】绘制带厚度的矩形

（1）用鼠标单击下拉菜单：绘图/矩形，如图 5-44 所示。

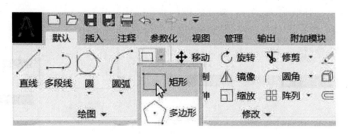

图 5-44

（2）用键盘输入"T"，如图 5-45 所示。

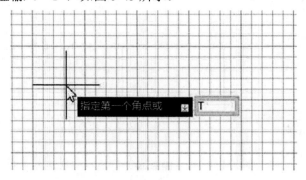

图 5-45

（3）用键盘输入矩形的厚度，如图 5-46 所示。

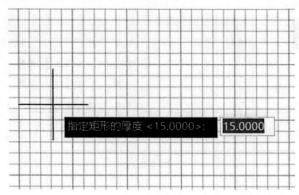

图 5-46

（4）分别用鼠标拾取第一个角点和第二个角点，如图 5-47、图 5-48 所示。

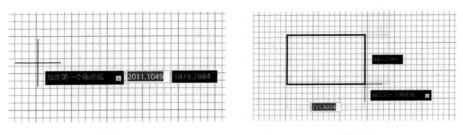

| 图 5-47 | 图 5-48 |

（5）带厚度的矩形绘制完成，如图 5-49 所示。

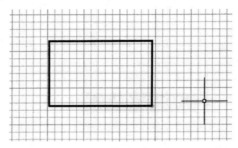

图 5-49

【例 5-10】绘制带线宽的矩形

（1）用鼠标单击下拉菜单：绘图/矩形，如图 5-50 所示。

图 5-50

（2）用键盘输入"W"，如图 5-51 所示。

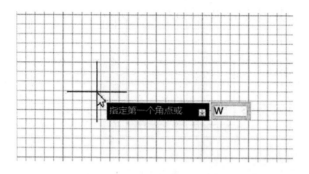

图 5-51

（3）用键盘输入矩形的线宽，如图 5-52 所示。

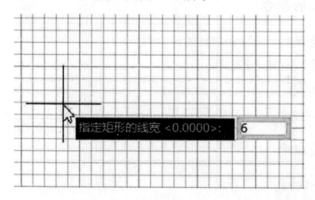

图 5-52

（4）分别用鼠标拾取第一个角点和第二个角点，如图 5-53、图 5-54 所示。

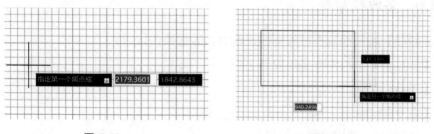

图 5-53　　　　　　　　　　　　　图 5-54

（5）带线宽的矩形绘制完成，如图 5-55 所示。

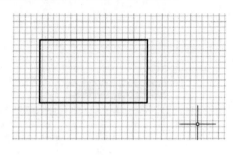

图 5-55

5.2.4　多边形命令

【功能】绘制 3～1 024 条等边的闭合图形。

【下拉菜单】绘图→多边形

【工具栏】

【命令】polygon

5.2.5　多线命令

【功能】一次画多条平行线。

【下拉菜单】绘图→多线

【命令】mline

在命令键行输入 c，可以封闭多线的起点和终点。

5.2.6　多段线命令

【功能】连续绘制不同线宽的直线和圆弧组成的线段。

【下拉菜单】绘图→多线段

【工具栏】

【命令】pline

指定起点：选定多段线的起点

指定下一个点或［圆弧（A）/闭合（C）/半宽（H）/长度（L）/放弃（U）/

宽度（W）]：指定点（2）或输入选项。

【操作提示】

（1）圆弧（A）：画圆弧。

（2）闭合（C）：连接多段线的起点与终点。

（3）半宽（H）：设置多段线半宽度。

（4）长度（L）：指定多段线的长度。

（5）放弃（U）：放弃上一命令。

（6）宽度（W）：设置多段线宽度。

5.2.7　实例操作 2

用本章介绍的各种操作命令绘制混凝沉淀池的平面图。

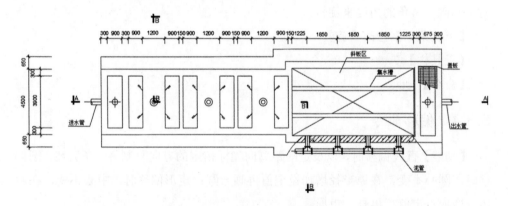

图 5-56　混凝沉淀池的平面图

5.3　常用修改命令

5.3.1　移动命令

【功能】可把图形从一个位置移到另一个位置。

【下拉菜单】修改→移动

【工具栏】✛ 移动

【命令】move

5.3.2　复制命令

【功能】复制图形。

【下拉菜单】修改→复制

【工具栏】✇ 复制

【命令】copy

5.3.3　旋转命令

【功能】使一个或多个对象以一个指定点为基点，按指定的旋转角度或一个相对于基础参考角的角度来旋转。

【下拉菜单】修改→旋转

【工具栏】↻ 旋转

【命令】rotate

5.3.4　偏移命令

【功能】直线偏移时，以设定的距离向光标指定的方向复制另一条直线；圆偏移时，圆心不变，在原半径增加设定值再画一圆；矩形偏移时，中心不变，在原边长增加设定值后再画一矩形。

【下拉菜单】修改→偏移

【工具栏】⊆

【命令】offset

5.3.5　修剪命令

【功能】对所要修剪的对象沿着由一个或多个对象定义的边界来删除所要修剪对象的一部分。

【下拉菜单】修改→修剪

【工具栏】✂ 修剪

【命令】trim

5.3.6　镜像命令

【功能】以一条线段为基准，创建对象的镜像副本。

【下拉菜单】修改→镜像

【工具栏】⚠ 镜像

【命令】mirror

指定镜像线的第一点；

指定镜像线的第二点；

是否删除源对象？［是（Y）/否（N）］<否>：回车。

5.3.7　阵列命令

【功能】阵列分为矩形阵列和环形阵列。矩形阵列可将图形以行和列的方式复制排列，环形阵列可将图形以圆周分布的方式复制排列。

【下拉菜单】修改→阵列→矩形阵列、路径阵列、环形阵列

【工具栏】🔳 阵列

【命令】array

5.3.8　缩放命令

【功能】放大或缩小图形。

【下拉菜单】修改→缩放

【工具栏】🔲 缩放

【命令】scale

5.3.9　倒角命令

【功能】直线、多线段的等边倒角或不等边倒角。

【下拉菜单】修改→倒角

【工具栏】／ 倒角

【命令】chamfer

5.3.10 实例操作 3

用本章介绍的各种操作命令绘制混凝沉淀池的 A-A 剖面图。

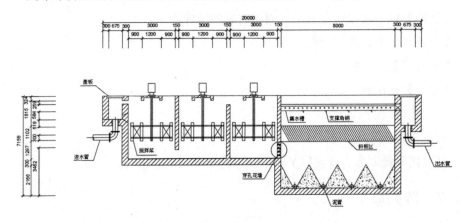

图 5-57　混凝沉淀池的 A-A 剖面图

5.4 常用标注命令

5.4.1 线性标注命令

【功能】创建水平、垂直或旋转的尺寸标注。

【下拉菜单】标注→线性

【工具栏】⊢┤线性

【命令】dimlinear

（1）指定第一条尺寸界线原点或<选择对象>：指定点（1）或按<Enter>键选择要标注的对象；

（2）指定第二条尺寸界线原点：指定点；

（3）然后显示以下提示：指定尺寸线位置或［多行文字（M）/文字（T）/角度（A）/水平（H）/垂直（V）/旋转（R）］：指定一点作为尺寸线的位置并确定绘制尺寸界线的方向，或输入选项。

【操作提示】

（1）多行文字（M）：显示在位文字编辑器，可用它来编辑标注文字。用控制代码和 Unicode 字符串来输入特殊字符或符号。如果标注样式中未打开换算单位，可以通过输入方括号（[]）来显示它们。

（2）文字（T）：在命令提示下，自定义标注文字。生成的标注测量值显示在尖括号（<>）中。要包括生成的测量值，请用尖括号表示生成的测量值。如果标注样式中未打开换算单位，可以通过输入方括号（[]）来显示换算单位。标注文字特性在"新建标注样式""修改标注样式"和"替代标注样式"对话框的"文字"选项卡上进行设定。

（3）角度（A）：修改标注文字的角度。

（4）水平（H）：创建水平线性标注。

指定尺寸线位置或［多行文字（M）/文字（T）/角度（A）］：指定点或输入选项，选项解释与本操作提示的前三个相同。

（5）垂直（V）：创建垂直线性标注。

指定尺寸线位置或［多行文字（M）/文字（T）/角度（A）］：指定点或输入选项，选项解释与本操作提示的前三个相同。

（6）旋转（R）：创建旋转线性标注。

指定尺寸线的角度<当前值>：指定角度或按<Enter>键。

线性标注如图 5-58 所示。

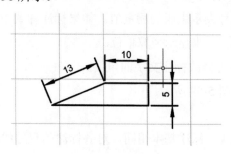

图 5-58　线性标注

5.4.2 对齐标注命令

【功能】创建对齐线性标注。

【下拉菜单】标注→对齐

【工具栏】 ↖ 对齐

【命令】dimaligned

（1）指定第一条尺寸界线原点或<选择对象>：指定点以使用手动尺寸界线，或按<Enter>以使用自动尺寸界线；

（2）指定第二条尺寸界线原点：指定点；

（3）然后显示以下提示：指定尺寸线位置或［多行文字（M）/文字（T）/角度（A）］：指定一点作为尺寸线位置或输入选项。

【操作提示】

（1）多行文字（M）：显示在位文字编辑器，可用它来编辑标注文字。用尖括号（<>）表示生成的测量值。要给生成的测量值添加前缀或后缀，请在尖括号前后输入前缀或后缀。用控制代码和 Unicode 字符串来输入特殊字符或符号；要编辑或替换生成的测量值，请删除尖括号，输入新的标注文字，然后单击"确定"。如果标注样式中未打开换算单位，可以通过输入方括号（［］）来显示它们。

（2）文字（T）：在命令提示下，自定义标注文字。生成的标注测量值显示在尖括号（< >）中输入标注文字，或按<Enter>键接受生成的测量值。要包括生成的测量值，请用尖括号表示生成的测量值。如果标注样式中未打开换算单位，可以通过输入方括号（［］）来显示换算单位。

（3）角度（A）：可修改标注文字的角度。

对齐线性标注如图 5-59 所示。

【说明】

（1）对齐标注与线性标注基本相同，对齐标注的尺寸线与两点的连线平行。

（2）在对齐标注中，尺寸线平行于尺寸界线原点连成的直线。

（3）若选择直线或圆弧，其端点将用作尺寸界线的原点；若选择一个圆，其直径端点将作为尺寸界线的原点。

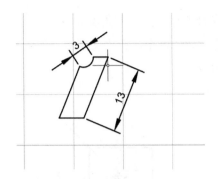

图 5-59　对齐线性标注

5.4.3　半径标注命令

【功能】为圆或圆弧创建半径标注。

【下拉菜单】标注→半径

【工具栏】🖊️ 半径

【命令】dimradius

选择圆弧或圆：选定待标注的圆弧或圆；

指定尺寸线位置或［多行文字（M）/文字（T）/角度（A）］：指定一点作为尺寸线的位置并确定绘制尺寸界线的方向，或输入选项。

【操作提示】

（1）多行文字（M）：显示在位文字编辑器，可用它来编辑标注文字；用控制代码和 Unicode 字符串来输入特殊字符或符号；如果标注样式中未打开换算单位，可以通过输入方括号（[]）来显示它们。

（2）文字（T）：在命令提示下，自定义标注文字；生成的标注测量值显示在尖括号（<>）中；要包括生成的测量值，请用尖括号表示生成的测量值；如果标注样式中未打开换算单位，可以通过输入方括号（[]）来显示换算单位；标注文字特性在"新建标注样式""修改标注样式"和"替代标注样式"对话框的"文字"选项卡上进行设定。

（3）角度（A）：可修改标注文字的角度。

在"修改标注样式"对话框中，在"文字对齐"一栏选"ISO 标准"。

半径标注如图 5-60 所示。

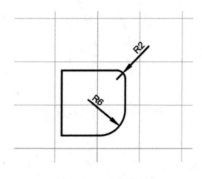

图 5-60　半径标注

【说明】

（1）半径标注由一条具有指向圆或圆弧的箭头的半径尺寸线组成。

（2）尺寸数字前加"R"表示半径。

（3）对于水平标注文字，如果半径尺寸线的角度大于水平 15°，引线将拆成水平线。

5.4.4　直径标注命令

【功能】为圆或圆弧创建直径标注。

【下拉菜单】标注→直径

【工具栏】◎ 直径

【命令】dimdiameter

选择圆弧或圆：选定待标注的圆弧或圆；

指定尺寸线位置或［多行文字（M）/文字（T）/角度（A）］：指定圆上的任何一点，移动鼠标可选择尺寸线的位置，并确定尺寸界线的方向。

【操作提示】

（1）多行文字（M）：显示在位文字编辑器，可用它来编辑标注文字。用控制代码和 Unicode 字符串来输入特殊字符或符号；如果标注样式中未打开换算单位，可以通过输入方括号（[]）来显示它们。

（2）文字（T）：在命令提示下，自定义标注文字。生成的标注测量值显示在尖括号（<>）中；要包括生成的测量值，请用尖括号表示生成的测量值。如果标注样式中未打开换算单位，可以通过输入方括号（[]）来显示换算单位；标注文字特性在"新建标注样式""修改标注样式"和"替代标注样式"对话框的"文字"选项卡上进行设定。

（3）角度（A）：可修改标注文字的角度。

直径标注如图 5-61 所示。

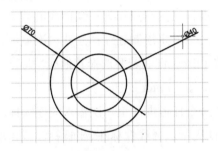

图 5-61　直径标注

【说明】

（1）直径标注在尺寸数字前加"ϕ"表示直径。

（2）对于水平标注文字，如果半径尺寸线的角度大于水平 15°，引线将拆成水平线。

（3）对于圆柱剖面等直径标注，则应采用线性标注，并在标注尺寸数字前加直径符号字符串"%%c"，例：在命令行输入"%%c20"，标注的效果为"ϕ20"。注意：c 应为英文状态下输入。

5.4.5　连续标注命令

【功能】先进行线性标注，以线性标注的右尺寸界线为基准线，连续标注直线、角度或坐标。

【下拉菜单】标注→连续

【工具栏】

【命令】dimcontinue

指定第二条尺寸界线原点或［放弃（U）/选择（S）］<选择>：最后按右键结束。

【操作提示】

（1）第二条尺寸界线原点：使用连续标注的第二条尺寸界线原点作为下一个标注的第一条尺寸界线原点。当前标注样式决定文字的外观。选择连续标注后，将再次显示"指定第二条尺寸界线原点"提示。若要结束此命令，请按［Esc］键。若要选择其他线性标注、坐标标注或角度标注用作连续标注的基准，请按［Enter 键］。

（2）点坐标：将基准标注的端点作为连续标注的端点，系统将提示指定下一个点坐标。选择点坐标之后，将绘制连续标注并再次显示"指定点坐标"提示。若要结束此命令，请按［Esc］键。若要选择其他线性标注、坐标标注或角度标注用作连续标注的基准，请按［Enter］键。

（3）放弃：放弃在命令任务期间上一次输入的连续标注。

（4）选择：AutoCAD 提示选择线性标注、坐标标注或角度标注作为连续标注。选择连续标注之后，将再次显示"指定第二条尺寸界线原点"或"指定点坐标"提示。若要结束此命令，请按［Esc］键。

【说明】

（1）如在当前任务中未先进行线性标注，命令行将始终提示：选择基准标注（线性标注）。

（2）如果用户对默认的第一条界线原点不满意，可以直接回车选择其他位置，前次尺寸界线的原点都会成为下次尺寸的第一界线的原点。

连续标注如图 5-62 所示。

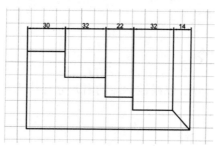

图 5-62　连续标注

5.4.6　快速引线命令

【功能】将长度、圆弧、角度、半径、直径、坐标等常用标注综合为一个快速标注命令。

【下拉菜单】标注→快速标注

【工具栏】

【命令】qdim

指定尺寸线位置或［连续（C）/并列（S）/基线（B）/坐标（O）/半径（R）/直径（D）/基准点（P）/编辑（E）］：指定一点作为尺寸线位置或输入选项。

【操作提示】

（1）连续（C）：进行连续标注。

（2）并列（S）：进行并列标注。

（3）基线（B）：进行基线标注。

（4）坐标（O）：进行坐标标注。

（5）半径（R）：进行半径标注。

（6）直径（D）：进行直径标注。

（7）基准点（P）：为基线和坐标标注设置新的基准点。

（8）编辑（E）：编辑一系列标注，指定要删除的标注点、输入 A 添加或按［Enter］键返回上一个提示。

设置：为指定尺寸界线原点设置默认对象捕捉。

快速标注如图 5-63 所示。

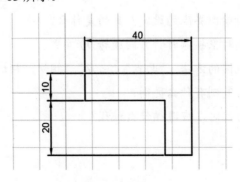

图 5-63　快速标注

5.4.7 实例操作 4

用本章介绍的各种操作命令绘制混凝沉淀池的 **B-B** 剖面图。

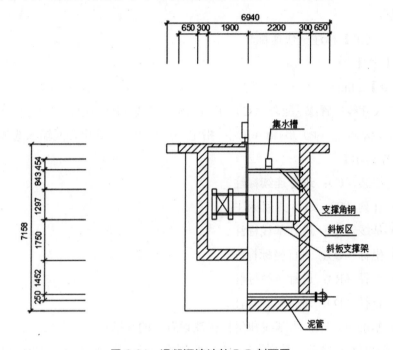

图 5-64 混凝沉淀池的 B-B 剖面图

思考与练习

1. 为什么要进行绘图界限的设定？目的是什么？

2. 如何精确控制对象按顺时针方向旋转 90°角？

3. 简述以下生成圆的方法："两点""三点""相切，相切，半径"。

4. 镜像、偏移与复制有什么区别？

5. 对图形进行标注时，应遵循什么过程？

第6章　SketchUp 基础知识

SketchUp 是一款极受欢迎并易于使用的 3D 设计软件，官方网站将它比喻为电子设计中的"铅笔"。该款软件开发公司 Last Software 成立于 2000 年，规模虽然不大，但却以 SketchUp 而闻名。SketchUp 的界面简洁直观，其命令简单实用，避免了其他类似软件的复杂操作缺陷，大大提高了工作效率。对于初学者来说，易于上手，而经过一段时间的练习后，用户使用鼠标就能像拿着铅笔一样灵活，可以尽情地表现创意和设计思维。SketchUp 由于其方便易学、灵活性强、功能丰富等优点，给设计师提供了一个在灵感和现实空间自由转换的空间，让设计师在设计过程中享受方案创新的乐趣。SketchUp 的种种优点，使其能够运用于各个领域，包括在建筑、城市规划、园林景观设计领域，以及室内装修、户型设计和工业品设计领域。

首次安装 SketchUp 后可以对其工具栏进行简单设置。单击"视图"—"工具栏"调出工具栏窗口，勾选"大工具集""截面""实体工具""视图""样式"，这样常用的工具栏就出现在界面上了（图 6-1）。

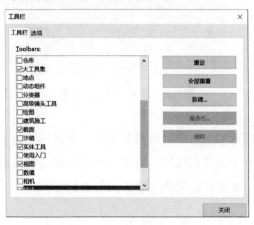

图 6-1　勾选常用工具栏

6.1 基本工具

6.1.1 "选择"工具

在对场景模型进一步操作之前，必须先选中需要进行操作的物体，在SketchUp中可通过"选择"工具 ▶ 或直接按住空格键执行命令。图形的选择包括"点选""框选""窗选"和"鼠标右键关联选择"4种方式。

在 SketchUp 中"选择"命令可以通过点击"编辑"工具栏中的 ▶ 按钮或执行"工具"—"选择"命令，均可启用该编辑命令，具体操作步骤如下：

1. 点选

（1）激活"选择"工具，此时在视图内将出现一个"箭头"图标，如图 6-2 所示。

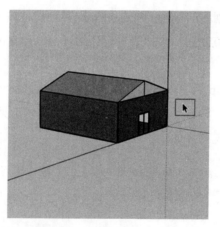

图6-2 激活"选择"工具

（2）然后在任意对象上单击均可将其选择，此时即可选中此面，若在一个面上双击，将选中这个面及其构成线，若在一个面上三击或三击以上，将选中与这个面相连的所有面、线及被隐藏的虚线，如图 6-3 所示。

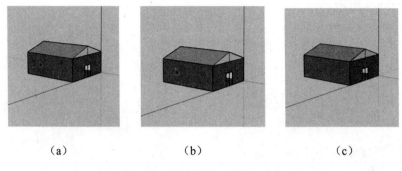

（a）　　　　　　　　（b）　　　　　　　　（c）

图 6-3　鼠标单击、双击、三击

（3）选择目标后，如果需要继续选择其他对象，则先按住 Ctrl 键不放，待视图光标变成 时，再单击所需选择的对象，即可将其加入选择，如图 6-4 所示。

（4）如果误选了某个对象而需要将其从选择范围中除去时，可以按住 Shift 键不放，待视图中的光标变成 时，单击误选对象即可将其进行减选，如图 6-5 所示。

图 6-4　启用"选择"工具

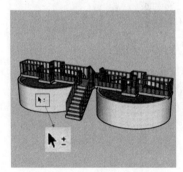

图 6-5　激活"选择"工具

6.1.2　"窗选"和"框选"

"窗选"的方法是按住鼠标左键从左至右拖动，绘图区将出现选框为实线的边框，如图 6-6 所示，将选中完全包含在矩形选框内的对象，如图 6-7 所示。

"框选"的方法是按住鼠标左键从右至左地拖动鼠标，绘图区将出现选框为虚线的边框，如图 6-8 所示，将选中完全被包含部分及部分包含在矩形选框内的对象，如图 6-9 所示。

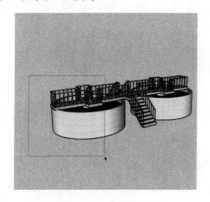

图 6-6 窗选前

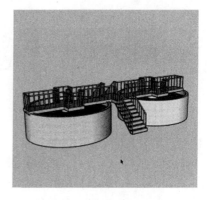

图 6-7 窗选部分模型

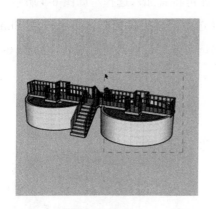

图 6-8 框选前

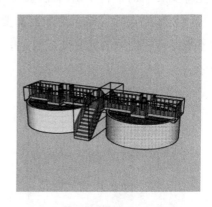

图 6-9 框选部分模型

6.1.3 右键关联选择

在 SketchUp 中，"线"是最小的可选择单位，"面"则是由"线"组成的基本建模单位，通过扩展选择，可以快速选择相关联的面或线。

利用"选择"工具 选中物体元素，再单击鼠标右键，将出现右键关联菜单，如图 6-10 所示。菜单中包含有五个子命令："边界边线""连接的平面""连接的所有项""在同一标记的所有项"和"使用相同材质的所有项"。通过对不同选项的选择可以扩展选择命令。

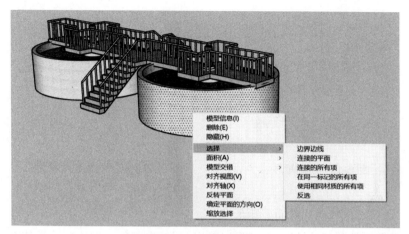

图 6-10 右键关联菜单

6.2 绘图工具

草图大师"绘图"工具栏包含了"直线"工具 ✏，"手绘线"工具 ✎、"矩形"工具 ▨ ▨、"圆"工具 ◉、"多边形"工具 ◉ 和"圆弧"工具 ◹ ◌ ◡ ◢。

三维建模的一个重要方式就是从"二维拉到三维"。即首先使用"绘图"工具栏中的二维绘图工具绘制好平面轮廓，然后通过"推/拉"等编辑工具生成三维模型。因此，绘制出精确的二维平面图形是建好三维模型的前提。

6.2.1 "矩形"工具

"矩形"工具 ▨ 主要是通过指定矩形的对角线来绘制矩形表面，"旋转矩形"工具 ▨ 主要是通过指定矩形的任意两条边和角度，即可绘制任意方向的矩形。单击"绘图"工具栏 ▨/▨ 或执行"绘图"—"形状"—"矩形""旋转长方形"，均可启用该命令。

1. 通过鼠标新建矩形

（1）通过"矩形"工具 ▨，待光标变成 ⊿ 时在绘图区中任意处确定矩形的一个角点，然后拖动光标确定矩形的对角点，如图 6-11 所示。

（2）确定对角点的位置后，再次单击，即可完成矩形的绘制，如图 6-12 所示。

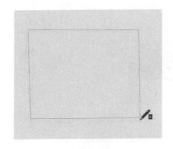

图 6-11　绘制矩形

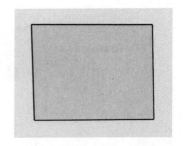

图 6-12　自动生成平面

2．通过输入精确尺寸新建矩形

在没有提供图纸的情况下，直接拖动鼠标绘制的矩形跟实际的数值有很大的差距，此时需要输入长宽数值进行精确制图，具体操作步骤如下：

（1）调用"矩形"命令，在绘图区中任意处确定矩形的一个角点，向要绘制矩形的方向拖动鼠标。如图 6-13 所示。

（2）然后在右下角数值控制框中输入矩形的长和宽数值，数值之间用"，"隔开，输入完长宽数值后，按 Enter 键进行确定，即可生成准确大小的矩形，如图 6-14 所示。

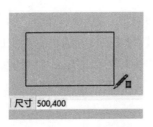

尺寸 500,400

图 6-13　输入长宽数值

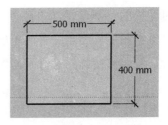

500 mm

400 mm

图 6-14　矩形绘制完成

3．绘制任意方向上的矩形

（1）调用"旋转矩形"绘图命令，待光标变成 时，在绘图区单击确定矩形的第一角点，然后拖拽光标至第二个角点，确定矩形的长度，然后将鼠标往任意方向上移动，如图 6-15 所示。

（2）找到目标后单击，完成矩形的绘制，如图 6-16 所示。

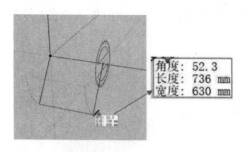

图 6-15　绘制矩形长度

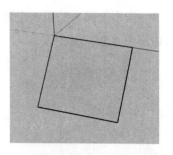

图 6-16　绘制立面矩形

（3）重复命令操作，绘制任意方向矩形，如图 6-17 所示。

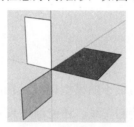

图 6-17　绘制任意矩形

4．绘制空间内的矩形

除了可以绘制轴方向上的矩形，SketchUp 还允许用户直接绘制处于空间任何平面上的矩形，具体的方法如下：

（1）启用"旋转矩形"绘图命令，待光标变成 时，移动鼠标确定矩形的第一个角点在平面上的射影点。

（2）将鼠标往 Z 轴上方移动，按住 Shift 键锁定轴向，确定空间内的第一个角点，如图 6-18 所示。

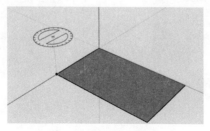

图 6-18　找到空间内的矩形角点

（3）确定空间内的第一个角点后，即可自由绘制空间内平面或立面矩形，如图 6-19、图 6-20 所示。

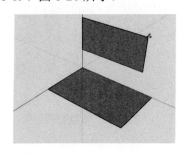

图 6-19　绘制空间内的平面矩形

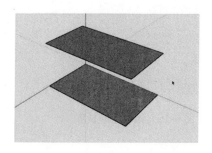

图 6-20　绘制空间内的立面矩形

6.2.2　"直线"工具

在 SketchUp 中，"线"是最小的模型构成元素，因此"直线"工具的功能十分强大，除了可以使用鼠标绘制直线，还能通过尺寸、坐标点、捕捉和追踪功能进行精确的绘制。单击"绘图"工具栏 ✏ 按钮或执行"绘图"—"直线"命令，均可启用直线创建命令。

1. 通过鼠标绘制直线

（1）启用"直线"工具后，光标变成 ✏ 状时，在绘图区中单击确定线段的起点，如图 6-21 所示。

（2）沿着线段目标方向拖动鼠标，同时观察屏幕右下角"数值"输入框内的数值，确定线段的长度后再次单击，即可完成目标线段的绘制，如图 6-22 所示。

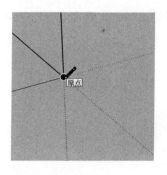

图 6-21　确定线段的起点

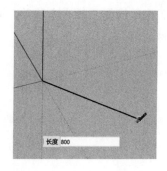

图 6-22　观察当前线段的长度

2. 通过输入数值绘制直线

1）输入长度

在实际工作中，经常需要绘制精确长度的线段，此时可以通过键盘输入的方式完成这类线段的绘制，具体操作方法如下：

（1）启用"直线"绘图命令，待光标变成 ✎ 时，在绘图区单击确定线段的起点，如图 6-23 所示。

（2）拖动光标至线段目标方向，在"数值"输入框中输入线段的长度，并按 Enter 键确定，即可生成精确长度的线段，如图 6-24、图 6-25 所示。

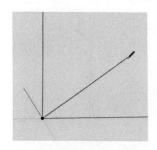　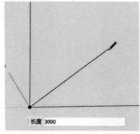　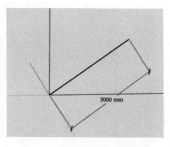

图 6-23　确定线段的起点　　图 6-24　输入线段长度　　图 6-25　精确长度的线段

2）输入三维坐标

除了输入长度，SketchUp 还可以输入线段终点的空间坐标。确定线段第一端点，在"数值"输入框中输入另一端点的 X、Y、Z 坐标，数值用"[ ]"或"< >"括起，最后按 Enter 键确定生成线段。

（1）绝对坐标：格式 $[X, Y, Z]$，以模型中坐标原点为基准，如图 6-26 所示。

长度　[5000,1000,1500]

图 6-26　绝对坐标

（2）相对坐标：格式 $<X, Y, Z>$，以线段的第一个端点为基准，如图 6-27 所示。

长度　<2000,2500,3000>

图 6-27　相对坐标

3. 绘制空间内的直线

通常直接绘制的直线都是处于 XY 平面内，绘制垂直或平行 XY 平面的直线方法如下：

（1）启用"直线"命令，待光标变成 ✐ 时，在绘图区单击确定线段的起点，然后在起点位置向上移动鼠标，此时会出现"在蓝色轴线上"的提示，如图 6-28 所示。

（2）找到线段终点单击"确定"，或直接输入线段长度按下 Enter 键，即可创建垂直 XY 平面的线段，如图 6-29 所示。

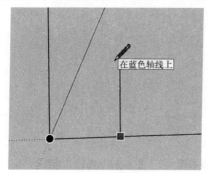

图 6-28　确定与 Z 轴平行

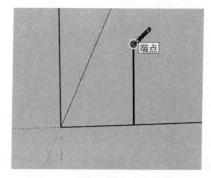

图 6-29　绘制垂直 XY 平面的线段

（3）如图 6-30 和图 6-31 所示，继续指定下一条线段的终点，为了绘制出平行 XY 平面的线段，必须出现"在红色轴线上"或"在绿色轴线上"的提示。

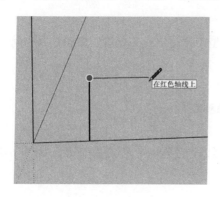

图 6-30　确定与 X 轴平行

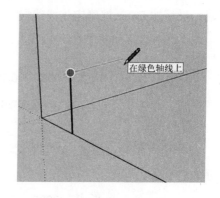

图 6-31　确定与 Y 轴平行

（4）根据图 6-30 所示操作，绘制的线段如图 6-32 所示。根据图 6-31 所示操作，绘制的线段效果如图 6-33 所示。

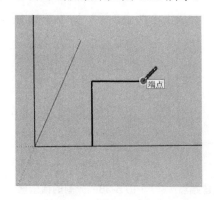

图 6-32　在 X 轴上方平行 XY 平面的线段

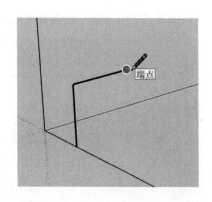

图 6-33　在 Y 轴上方平行 XY 平面的线段

4．直线的捕捉与追踪功能

与 AutoCAD 类似，SketchUp 也具有自动捕捉和追踪功能，并默认为开启状态，在绘图的过程中可以直接运用，以提高绘图的准确度和工作效率。在 SketchUp 中，可以自动捕捉到线段的端点和中点，如图 6-34、图 6-35 所示。

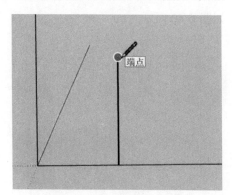

图 6-34　捕捉线段端点

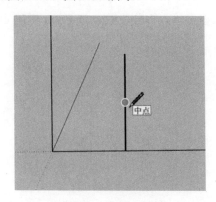

图 6-35　捕捉线段中点

5．在 SketchUp 中，直线不但可以相互分段，而且可以用于模型面的分割。

（1）启用"直线"绘图命令，将置于"面"的边界线上，当出现"在边线上"的提示时单击，创建线段的起点，如图 6-36 所示。

（2）将光标置于模型的另一边线上，同样出现"在边线上"的提示，单击鼠标创建线段端点，如图 6-37 所示。

（3）在模型面上单击，可发现其已经被分割成上下两个"面"，如图 6-38 所示。

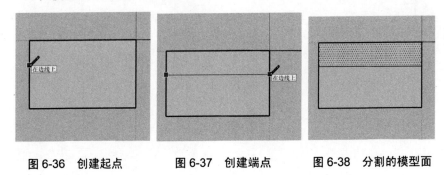

图 6-36　创建起点　　　　图 6-37　创建端点　　　　图 6-38　分割的模型面

6. 拆分线段

SketchUp 可以对线段进行快捷键的拆分操作，具体步骤如下：

（1）选择已绘制线段，并单击鼠标右键，在快捷菜单中选择"拆分"选项，如图 6-39 所示。

（2）向上或向下推动光标，即可逐步增加或减少拆分线段，或在"数值"输入框中输入拆分段数，按 Enter 键确定，如图 6-40 所示。

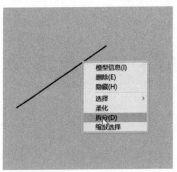
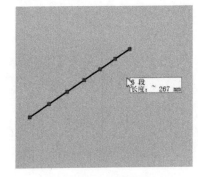

图 6-39　执行"拆分"命令　　　　图 6-40　拆分为六段

6.2.3　"圆"工具

圆作为基本图形，广泛应用于各种设计中，通过下面的详细讲解来学习

SketchUp 中圆的创建方法。单击"绘图"工具栏 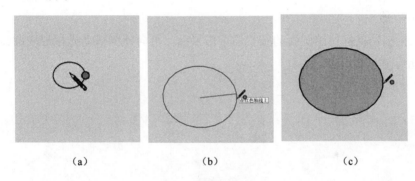 按钮，或执行"绘图"—"形状"—"圆"命令，均可启用圆绘制工具。

1. 通过鼠标新建圆

（1）移动光标至绘图区，待光标变成 后，单击鼠标，确定圆心的位置，如图 6-41（a）所示。

（2）拖动光标拉出圆的半径，再次单击即可创建出圆形平面，如图 6-41（b）、图 6-41（c）所示。

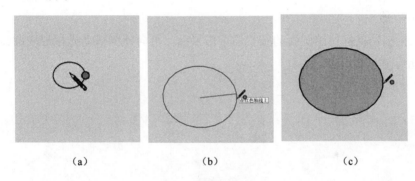

（a）　　　　　　　　　（b）　　　　　　　　　（c）

图 6-41　圆平面绘制完成

2. 通过输入新建圆

（1）启用"圆"绘图命令待光标变成 时，在绘图区单击确定圆心位置，如图 6-42 所示。

（2）直接输入"半径"数值，然后按 Enter 键即可创建精确大小的圆形平面，如图 6-43、图 6-44 所示。

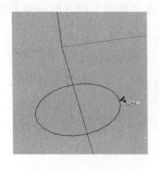 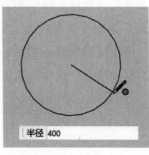 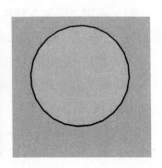

图 6-42　确定圆心　　　　图 6-43　输入半径　　　　图 6-44　圆形平面绘制完成

6.2.4 "圆弧"工具

"圆弧"虽然只是"圆"的一部分，但其可以绘制更为复杂的曲线，因此在使用与控制上更有技巧性。单击"绘图"工具栏 ⟋ ⊘ ⟋ ◣ 按钮或执行"绘图"—"圆弧"命令，均可启用该绘制命令。

1. 通过鼠标新建圆弧

（1）启用"圆弧"绘图命令，待光标变成 时在绘图区单击，确定圆弧起点，如图 6-45 所示。

（2）拖动鼠标拉出圆弧的弦长后单击鼠标，再向外侧移动光标形成圆弧，如图 6-46、图 6-47 所示。

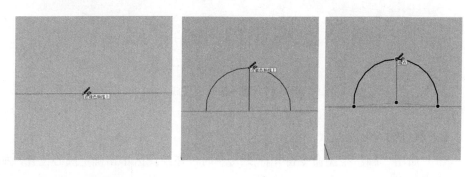

图 6-45　确定圆弧起点　　图 6-46　拉出圆弧弧高　　图 6-47　圆弧绘制完成

2. 通过输入新建圆弧

（1）启用"圆弧"绘图命令，待光标变成 时，在"数值"输入框中输入数值确定"边数"，按下 Enter 键，如图 6-48 所示。

（2）然后在绘图区单击，确定圆弧起点，如图 6-49 所示。

（3）首先在"数值"输入框中输入"长度"数值，按下 Enter 键确认弦长，如图 6-50 所示。

图 6-48　输入边数

图 6-49　确定圆弧起点

图 6-50　输入弦长

（4）再输入"弧高"数值并按下 Enter 键，然后通过鼠标确定凸出方向，单击鼠标右键确定后即可创建精确大小的圆弧，如图 6-51、图 6-52 所示。

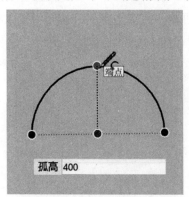

图 6-51　输入弧高

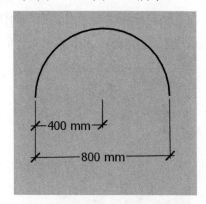

图 6-52　绘制完成

6.2.5　"多边形"工具

使用"多边形"工具 ⬤，可以绘制边数为 3～99 的任意多边形。下面将讲解其创建方法与边数控制技巧。单击"绘图"工具栏 ⬤ 按钮或执行"绘图"—"形状"—"多边形"菜单命令，均可启用该绘制命令。

（1）启用"多边形"绘图命令，待光标变成 ⬤ 时，输入"6s"并按 Enter 键，确定多边形的边数为 6，如图 6-53 所示。

（2）再在绘图区单击，确定中心位置，如图 6-54 所示。

图 6-53 输入多边形的边数

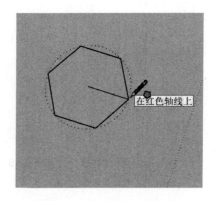

图 6-54 确定多边形的中心点

（3）移动鼠标确定"多边形"的切向，再输入"多边形"外接圆半径大小并按 Enter 键，创建精确大小的正六边形平面，如图 6-55、图 6-56 所示。

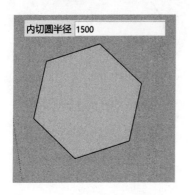

图 6-55 输入外接圆半径值

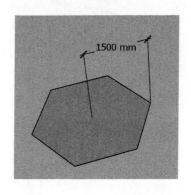

图 6-56 正六边形平面绘制完成

说明：确定多边形中心点后所输入的数值为多边形外接圆半径，数值框显示为内切圆半径，这可能是软件汉化后出现的错误。

6.2.6 "手绘线"工具

"手绘线"工具主要用于绘制不共面的不规则连续线段或特殊形状的线条和轮廓。单击"绘图"工具栏 ∽ 按钮或执行"绘图"—"直线"—"手绘线"菜单命令，均可启用该绘制命令。

（1）启用"手绘线"工具，待光标变成 ✐ 时，在模型上单击，确定手绘线起点，如图 6-57 所示。

（2）然后按住鼠标左键进行绘制，松开左键后即绘制完一条曲线。这条手绘曲线为一整条曲线，若想进行局部修改，则需选中曲线后单击鼠标右键，选择快捷菜单中的"分解曲线"命令，分解后再进行编辑，如图 6-58 所示。

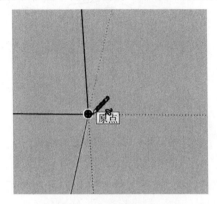
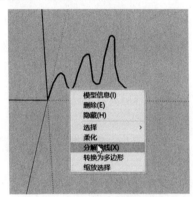

图 6-57　确定绘线起点　　　　　　　　　　图 6-58　分解曲线

6.3　编辑工具

"编辑"工具栏中主要包含了如图所示的"移动"✛、"推/拉" ✛、"旋转" ↻、"路径跟随" ✎、"拉伸" ▣ 和"偏移" ◎ 6 种工具。其中"移动""旋转""拉伸"和"偏移"4 个工具用于对象位置、形态的变换与复制，而"推/拉"和"跟随路径"2 个工具则用于将二维图形转变成三维实体。

6.3.1　"推/拉"工具

"推/拉"工具 ✛ 是二维平面生成三维实体模型工具最为常用的工具。单击"编辑"工具栏中的 ✛ 按钮或执行"工具"—"推/拉"菜单命令，均可启用该命令。

1．推拉单面

（1）启用"推/拉"工具，待光标变成 ✛ 时，将其置于将要拉伸的"面"表面并单击鼠标左键确定，如图 6-59 所示。

（2）然后拖拽鼠标拉伸三维实体，在"数值"输入框中输入精确的推拉值，将平面进行推拉。可以输入负值，表示向相反方向推拉。按 Enter 键，如图 6-60 所示。

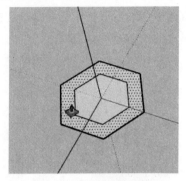

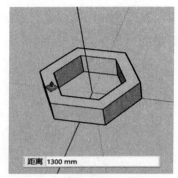

图 6-59　选择推拉平面　　　　　　　图 6-60　精确拉伸完成效果

（3）在拉伸完成后，再次激活"推/拉"工具，同时按住 Ctrl 键，此时鼠标光标将显示为 ，可以沿底面执行多次复制，如图 6-61 所示。

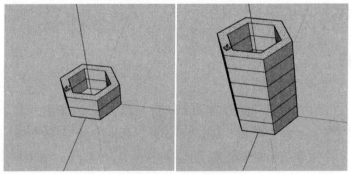

图 6-61　复制推拉

2．推拉分割实体面

（1）启用"推/拉"工具，待光标变成时 ，将其置于将要拉伸的模型表面，如图 6-62 所示。

（2）向下或向上推动光标，将分别形成凹陷或突出的效果，如图 6-63 所示。如推拉表面前后平行，向下推拉时则可将其完全挖空，如图 6-64 所示。

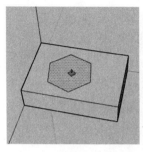
图 6-62　选择分割模型

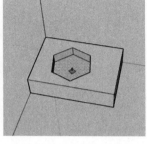
图 6-63　向下推动光标

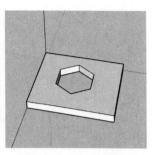
图 6-64　挖空模型

6.3.2　"移动"工具

"移动"工具❖不但可以进行对象的移动，同时还兼具复制、拉伸功能。单击"编辑"工具栏❖按钮或执行"工具"—"移动"菜单命令，均可启用该编辑命令。

1．移动对象

选择模型组件，然后选中移动基点，拖动鼠标即可在任意方向移动选择对象，将其置于移动目标点并在此单击，即完成对象的移动，如图 6-65、图 6-66 所示。

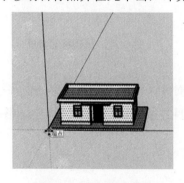
图 6-65　选中模型基点

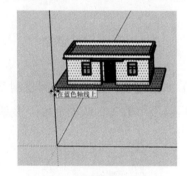
图 6-66　移动几何体

2．移动复制对象

（1）选择目标对象，按住 Ctrl 键，待光标变成❖时，再确定移动起始点，此时拖动鼠标可以进行移动复制，如图 6-67～图 6-69 所示。

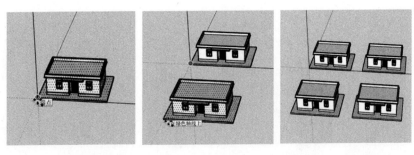

图 6-67　选中模型基点　　　图 6-68　移动复制　　　图 6-69　移动复制完成

（2）如果要精确控制移动复制的距离，可以在确定移动方向后，输入指定的数值，然后按 Enter 键即可确定，如图 6-70、图 6-71 所示。

图 6-70　输入移动数值

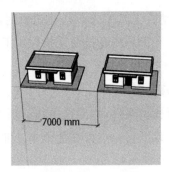

图 6-71　精确移动完成

（3）如果需要以指定的距离复制多个对象，可以先输入距离数值并按 Enter 键，然后以"个数 X"或"个数/"复制数目并按 Enter 键即可确定，如图 6-72、图 6-73 所示。

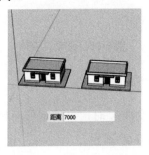

图 6-72　输入移动距离

图 6-73　等距复制多个对象

3．移动编辑对象

利用"移动"工具 ✤ 移动点、线、面时，几何体会产生拉伸变形，如图 6-74～图 6-76 所示。

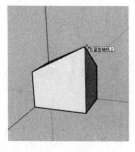
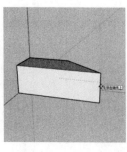
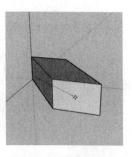

図 6-74　点的移动　　　図 6-75　线的移动　　　図 6-76　面的移动

6.3.3　"旋转"工具

"旋转"工具 ⟳ 用于旋转对象，同时也可以完成旋转复制。单击"编辑"工具栏中的 ⟳ 按钮或执行"工具"—"旋转"菜单命令，均可启用该命令。

1．旋转对象

（1）选择模型，启用"旋转"工具，待光标变成 时拖动光标，确定旋转平面，然后在模型表面确定旋转轴心点与轴心线，如图 6-77、图 6-78 所示。

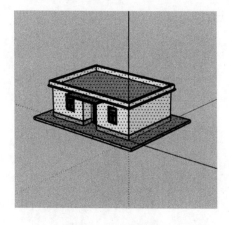
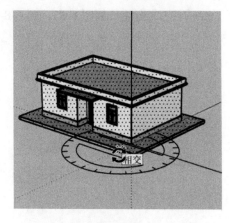

図 6-77　选择模型　　　図 6-78　确定旋转轴心点与轴心线

（2）拖动鼠标，即可任意角度旋转，为确定旋转角度，可在"数值"输入框中直接输入旋转度数，按 Enter 键即可完成旋转，如图 6-79、图 6-80 所示。

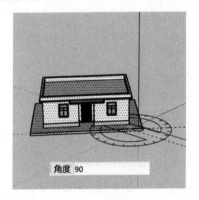

图 6-79　确定旋转角度

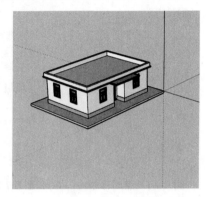

图 6-80　完成旋转

2. 旋转部分模型

（1）选择模型对象要旋转的部分表面，然后确定好旋转平面，并将轴心点与轴心线确定在分割线端点，如图 6-81 所示。

（2）拖动鼠标确定旋转方向，直接输入旋转角度，按下 Enter 键，确定完成一次旋转，如图 6-82 所示。

（3）选择最上方的"面"，重新确定轴心点与轴心线，再次输入旋转角度并按下 Enter 键完成旋转，如图 6-83、图 6-84 所示。

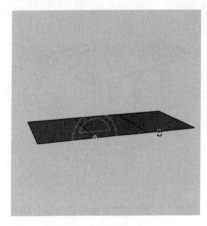

图 6-81　选择旋转面

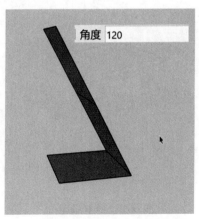

图 6-82　输入旋转角度

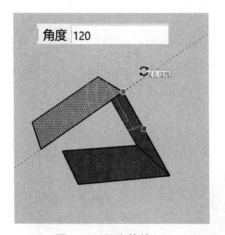

图 6-83　再次旋转　　　　　　　　　图 6-84　旋转完成

6.3.4　"路径跟随"工具

"路径跟随"工具 可以利用两个二维或平面生成三维实体，类似于 3ds Max 中的"放样"工具，在绘制不规则单体时起到重要作用。单击"编辑"工具栏中的 按钮，或执行"工具"—"路径跟随"菜单命令，均可启用"路径跟随"命令。

1．面与线的应用

（1）启用"路径跟随"工具，待光标变成 后，单击选择其中的二维平面，如图 6-85 所示。

（2）将光标移动至线型附近，此时在线型上就会出现一个红色捕捉点，沿线型推动光标直至完成效果，如图 6-86、图 6-87 所示。

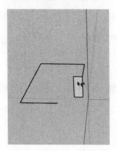

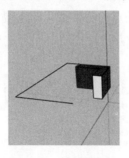

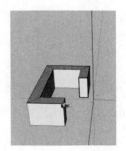

图 6-85　选择截面图形　　　图 6-86　捕捉路径　　　图 6-87　完成效果

2．面与面的应用

（1）启用"路径跟随"工具并单击选择截面，如图 6-88 所示。

（2）待光标变成 后，将光标移动至三角形平面，跟随其捕捉一周，如图 6-89 所示。

（3）单击左键确定捕捉完成，最终效果如图 6-90 所示。

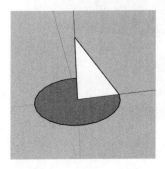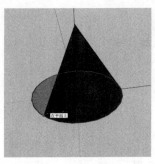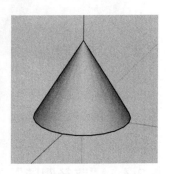

图 6-88　选择角线截面　　　图 6-89　捕捉平面路径　　　图 6-90　完成效果

6.3.5　"缩放"工具

"缩放"工具 通过夹点来调整对象的大小，既可以进行 X、Y、Z 三个轴向等比缩放，也可以进行任意轴向的非等比缩放。单击"编辑"工具栏中的 按钮或执行"工具"—"缩放"菜单命令，均可启用该编辑命令。

1．等比缩放

（1）选择对象，启用"缩放"工具，模型周围出现用于缩放的栅格，待光标变 时，选择任意一个位于顶点的栅格点，即出现"统一调整比例，在对角点附近"提示，此时按住鼠标左键并进行拖动，即可进行模型的等比缩放，如图 6-91 所示。

（2）除了直接通过鼠标进行缩放，在确定好缩放栅格点后，输入缩放比例，按下 Enter 键可完成指定比例的缩放。

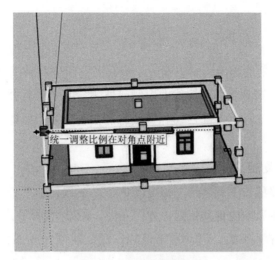

图 6-91　选择缩放栅格点

2．非等比缩放

"等比缩放"均匀改变对象的尺寸大小，其整体造型不会发生改变，通过"非等比缩放"则可以在改变对象尺寸的同时改变其造型。

（1）选择对象，启用"缩放"工具，选择位于栅格线中间的栅格点，即可出现"红/蓝色轴"或类似的提示，如图 6-92 所示。

（2）确定栅格点后单击，然后拖动鼠标即可进行缩放，确定缩放大小后单击，即可完成缩放，如图 6-93、图 6-94 所示。

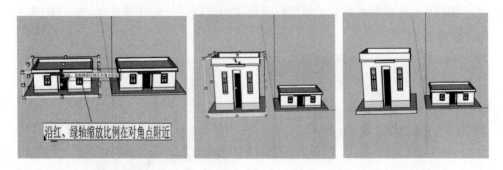

图 6-92　选择缩放栅格点　　图 6-93　非等比缩放　　图 6-94　非等比缩放完成

6.3.6 "偏移"工具

"偏移"工具🐾主要用于对表面或一组共面的线进行移动和复制。可以将表面或边线偏移复制到源表面或边线的内侧或外侧,偏移之后会产生新的表面和线条。单击"编辑"工具栏中的🐾按钮或执行"工具"—"偏移"菜单命令,均可启用该编辑命令。

1. 面的偏移复制

(1)启用"偏移"工具,待光标变🐾时,在要偏移的"平面"上单击,以确定偏移的基点,然后向内拖动鼠标,如图6-95、图6-96所示。

(2)确定偏移大小后,再次单击鼠标左键,即可完成偏移复制,如图6-97所示。

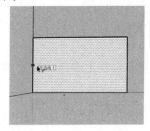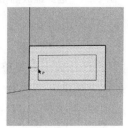

图 6-95 确定偏移参考点　　　图 6-96 向内偏移复制　　　图 6-97 偏移复制完成效果

2. 线段的偏移复制

"偏移"工具无法对单独的线段以及交叉的线段进行偏移与复制,如图6-98、图6-99所示。

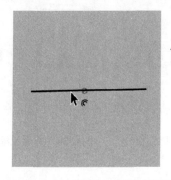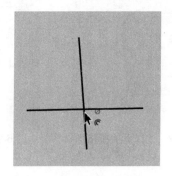

图 6-98 无法偏移复制单独线段　　　图 6-99 无法偏移复制交叉线段

而对于多条线段组成的转折线、弧线以及线段与弧形组成的线型，均可以进行偏移与复制。其具体操作方法与"面"的操作类似，这里不再赘述。

6.3.7 实例操作

根据给出的尺寸，使用前面所学工具绘制出相应模型，如图 6-100～图 6-102 所示。

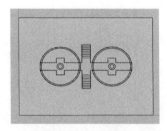 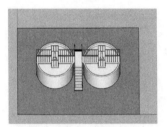

图 6-100 平面图   图 6-101 三维模型

图 6-102 构筑物添加材质效果模型

楼梯长度：1.5 m；楼梯步高：0.15 m；楼梯步宽：0.28 m；楼梯扶手高度：1.2 m；池直径：6 m；池深：3.7 m；水深 3.2 m；池底厚度 0.2 m；过道厚度 0.2 m；两个池子圆心间距：8 m，其余尺寸根据比例自行定义。

6.4 高级工具

6.4.1 "沙箱"工具

"沙箱"工具是 SketchUp 内置的一个地形工具，用于制作三维地形效果，除此之外还可以创建很多其他物体，如膜状结构物体的创建等。执行"视图"—"工具栏"菜单命令，在弹出的"工具栏"对话框中勾选"沙箱"选项，即可弹出"沙箱"工具栏，如图 6-103 所示。

图 6-103　调出"沙箱"工具栏操作

　　"沙箱"工具栏内按钮的各个功能如图 6-104 所示，其主要通过"根据等高线创建" 🗿 与"根据网格创建" 🗺 创建地形，然后通过"曲面起伏" 🗿、"曲面平整" 🗿、"曲面投射" 🗿、"添加细部" 🗿 以及"对调角线" 🔺 工具进行细节的处理。

图 6-104　"沙箱"工具栏按钮功能

1. 根据等高线建模

　　利用"根据等高线创建"工具 🗿（或执行"绘图"—"沙箱"—"根据等高线创建"），可以将相邻且封闭的等高线形成三角面，等高线是一组垂直间距相等且平行于水平面的假想面与自然地貌相交所得到的交线在平面上的投影。

　　等高线上的所有点的高程必须都相等，等高线可以是直线、圆弧、圆、曲线等，使用"根据等高线创建"工具 🗿 将会让这些闭合或不闭合的线封闭成面，形成坡地。

2．根据网格创建建模

利用"根据网格创建"工具 ▦ 可以在场景中创建网格，再将网格中的部分进行曲面拉伸。通过此工具只能创建大体的地形空间，不能精确绘制地形。

（1）激活"根据网格创建"工具 ▦ ，在"数值"输入框中输入"栅格间距"，按 Enter 键即完成确定，如图 6-105 所示。

（2）在场景中确定网格第一点后，拖动鼠标指定方向，移动至所需长度处单击鼠标左键，或者可以在"数值"输入框中输入需要的长度，按 Enter 键即可完成确定，如图 6-106 所示。

（3）再次拖动鼠标指定方向，利用上述方法确定网格另一边的长度，如图 6-107 所示。

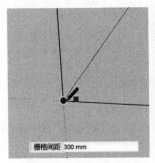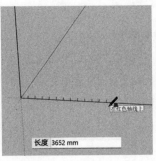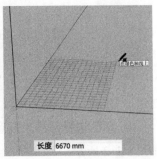

图 6-105　确定格栅间距　　　　图 6-106　确定网格长度　　　　图 6-107　确定网格宽度

（4）生成的网格自动成组，可双击进入对其进行编辑，如图 6-108 所示。

"根据网格创建"绘制完成后，使用"沙箱"工具栏中其他工具进行调整与修改才能产生地形效果。

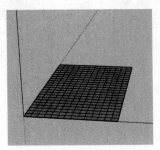

图 6-108　自动生成的网格

3. 曲面起伏

（1）绘制好的"根据网格创建"默认为"组"，使用"沙箱"工具栏中的工具无法单个进行调整。选择模型单击鼠标右键，在弹出的关联菜单中选择"炸开模型"命令使其变成"细分的大型平面"，如图 6-109、图 6-110 所示。

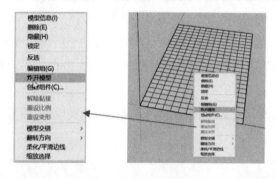 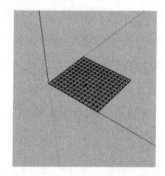

图 6-109　分解网格　　　　　　　　图 6-110　分解后的网格效果

（2）启用"曲面起伏"工具 ，待光标变成了 状时能自动捕捉"根据网格创建"上的交点，输入起伏半径，如图 6-111 所示。

（3）单击选择网格上任意一个交点，然后推拉鼠标即可产生地形的起伏效果，如图 6-112 所示。

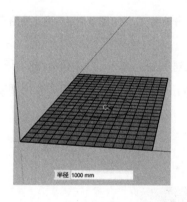 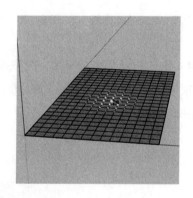

图 6-111　启用"曲面起伏"工具　　　　图 6-112　选择交点

（4）确定好地形起伏效果后再次单击鼠标（或直接输入数值确定精确的高度后按 Enter 键），即可完成该处地形效果的制作，如图 6-113、图 6-114 所示。

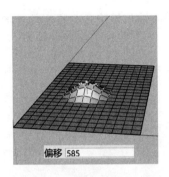

图 6-113 制作地形起伏效果

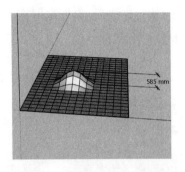

图 6-114 制作精确起伏高度

4. 曲面平整

"曲面平整"工具 用于在较为复杂的地形中创建建筑的基面并平整场地，使建筑物能与地面更好地结合，如图 6-115 所示。

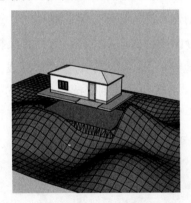

图 6-115 平整地面

5. 曲面投射

曲面投射"工具" 可以将物体的形状投影到地形上，多运用于创建位于坡地上的广场、道路等。

（1）激活"曲面投射"工具 ，此时鼠标光标为"曲面投射"工具 原色，按照状态栏的提示，在需要投影的图元上单击，如图 6-116 所示。

（2）选择投射图元后，鼠标光标将变为红色，按照状态栏的提示，在投射网格上单击鼠标，如图 6-117 所示。

（3）执行完成后，会发现网格上出现了完全按照地形坡度走向投影的矩形面，如图 6-118 所示。

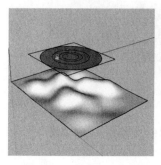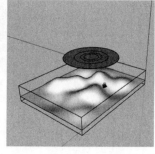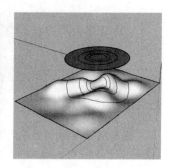

图 6-116　选择曲面投射单元　图 6-117　选择曲面投射网格　　图 6-118　完成曲面投射

6. 添加细部

在使用"根据网格创建"进行地形效果的制作时，过少的细分面将使地形效果显得生硬，过多的细分面则会增大系统显示与计算负担。使用"添加细部"工具 在需要表现细节的地方单击，通过手动移动鼠标或在"数值"输入框中输入精确数值，进行细部变化，而其他区域则保持较少的细分面，具体操作方法如下：

（1）通过执行"视图"—"隐藏物体"命令，即可看到网格中每个小方格内的对角线，如图 6-119 所示。

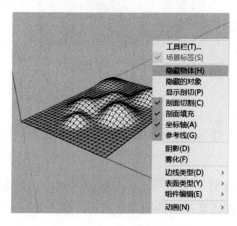

图 6-119　显示隐藏物体

（2）选中需要添加细部的区域，激活"添加细部"工具，效果如图 6-120、图 6-121 所示。

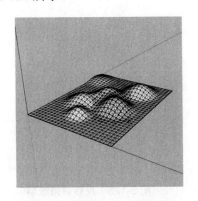

图 6-120　选择要拉伸的细分面

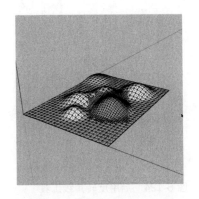

图 6-121　对网格面进行细分

（3）细分完成后再使用"曲面起伏"工具进行拉伸，即可得到平滑的拉伸边缘，如图 6-122、图 6-123 所示。

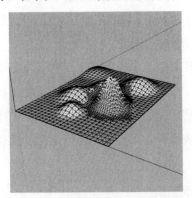

图 6-122　拉伸细分后的网格面

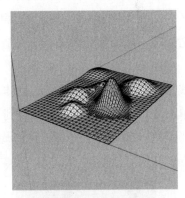

图 6-123　拉伸完成效果

7．对调角线

"对调角线"工具用于构成地形网格的小方格内的对角线，将其进行翻转，从而对局部的凹凸走向进行调整。

在虚显"根据网格创建"地形的对角边线后，启用"对调角线"工具可以根据地势走向对应改变对角边线方向，从而使地形变得平缓一些，如图 6-124、

图 6-125 所示。

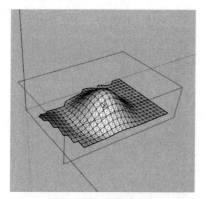

图 6-124　启用反转角线工具

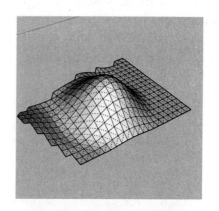

图 6-125　反转对角线朝向

6.4.2　柔化/平滑边线功能

SketchUp 的边线可以进行柔化和平滑,从而使有折面的模型看起来显得圆润光滑。边线柔化以后,在拉伸的侧面上就会自动隐藏。对柔化的边线还可以进行平滑处理,从而使相邻的表面在渲染中能均匀地过渡渐变。

如图 6-126 所示为一种图形,标准边线显示显得十分粗糙,现将其进行柔化边线操作。选择需柔化边线的物体,执行"窗口"—"默认面板"—"柔化边线"菜单命令,在默认面板最下方找到"柔化边线",或单击鼠标右键在关联菜单中选择"柔化/平滑边线"选项,两者均可进行边线柔化,如图 6-127 所示为"柔化边线"工具栏对话框。

图 6-126　边线显示

图 6-127　"柔化边线"工具栏

（1）拖动"法线之间的角度"滑块可以调节光滑角度的下限值，超过此数值的夹角将被柔化，柔化的边线会被自动隐藏，如图 6-128 所示。

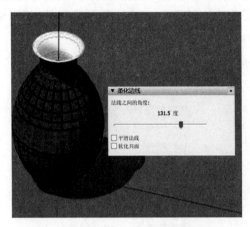

图 6-128　调节"法线之间的角度"

（2）勾选"平滑法线"选项后，将限定角度范围内的物体实施光滑和柔化效果，如图 6-129 所示。

（3）勾选"软化共面"选项后，将自动柔化共面并连接共面表面间的交线，如图 6-130 所示。

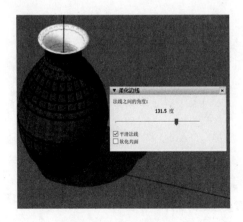

图 6-129　平滑法线

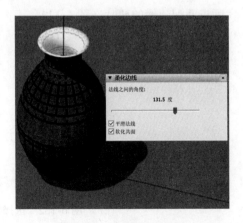

图 6-130　软化共面

6.4.3 照片匹配

当我们想用真实的照片创建 SketchUp 模型的时候，使用草图大师的照片匹配功能，可以帮助我们建模出更接近现实的模型来。

（1）打开 SketchUp 软件，点击"相机"—"匹配新照片"，我们开始使用照片匹配建模的过程（图 6-131）。

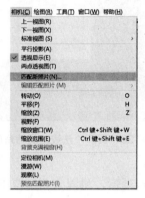

图 6-131　点击视图

（2）选择一张 jpg 图片格式，点选作为新的匹配照片，选择需要导入到草图大师里匹配建模的照片（图 6-132）。

图 6-132　选择需要匹配的照片

（3）打开草图大师照片匹配界面后，匹配图片透视关系。图中的红色、绿色分别对应 X 轴、Y 轴，其中的两个红色和绿色调节杆用于调节并匹配图片中的透视关系。利用 X 轴、Y 轴控制点（图例红圈几个点），调整透视关系。满足两点透视要求。调整完成后，点击完成（图 6-133、图 6-134）。

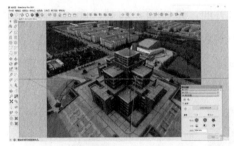
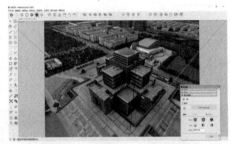

图 6-133　调节 X 轴、Y 轴（调节前）　　　　图 6-134　调节 X 轴、Y 轴（调节后）

（4）调整好后点击右键选择"完成"（图 6-135）。

图 6-135　完成调节

（5）根据照片利用各种工具进行建模（图 6-136、图 6-137）。

图 6-136　开始建模　　　　　　　　　图 6-137　完成基本模型

（6）基本体块完成后，如无细节修改要求可直接点击回到草图大师照片匹配视图，点击"从照片投影纹理"，选择"是"，得到基本模型（图6-138）。

（7）查看模型和匹配照片纹理的不对齐面，选择面，右键，选择纹理，选择位置，根据控制点，调整纹理位置、大小到合适贴图效果。调整完纹理后，利用"材质工具"吸取对称面材质，进行材质赋予。重复调整不恰当材质。一个简单的SketchUp照片匹配建模就完成了（图6-139）。

图 6-138　投影纹理　　　　　　　　　　图 6-139　完成模型

6.4.4　实例操作

（1）用"根据网格创建"工具创建大小合适的网格（图6-140）。

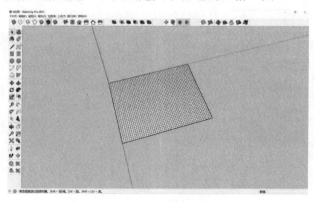

图 6-140　创建网格

（2）启用"手绘线"工具绘制出河流的基本轮廓（图 6-141）。

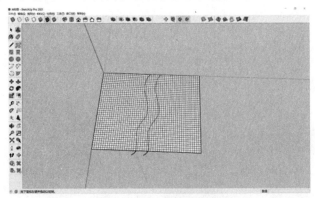

图 6-141　绘制河流轮廓

（3）启用"曲面起伏"工具绘制出山丘（图 6-142）。

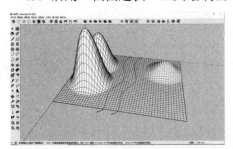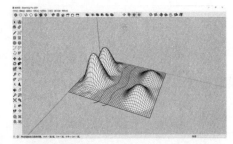

图 6-142　绘制山丘

（4）选中河流区域，单击右键创建群组，将河流区域制作为一个群组（图 6-143）。

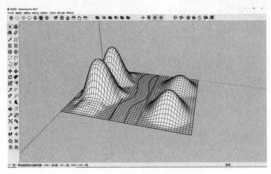

图 6-143　对河流创建群组

（5）启用"添加细部"工具和"对调角线"工具，对图形进行细部调整（图 6-144）。

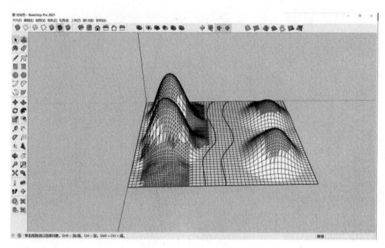

图 6-144　添加细部

（6）启用"材质"工具对模型应用合适的材质，并使用"柔化边线"设置对模型进行调整（图 6-145）。

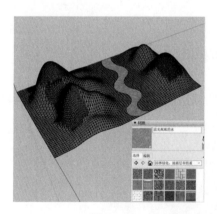 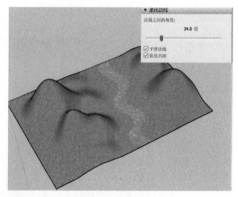

图 6-145　对山丘应用合适的材质并进行柔化边线设置

6.5 SketchUp/V-Ray 材质

6.5.1 SketchUp 材质

材质是模型在渲染时产生真实质感的前提，配合灯光系统能使模型表面体现出颜色、纹理、明暗等效果，从而使虚拟的三维模型具备真实物体所具备的质感细节。

SketchUp 的特色在于设计方案的推敲与草绘效果的表现，但在写实渲染方面其能力并不出色，一般只需为模型添加颜色或纹理，然后通过风格设置得到各个草绘效果。

1．默认材质

在 SketchUp 开始创建物体时，会自动赋予默认材质。由于 SketchUp 使用的是双面材质，所以默认材质的正反面显示的颜色是不同的。双面材质的特性可以帮助用户更容易区分表面的正反朝向，以方便在导入其他建模软件时调整面的方向。

默认材质正反面颜色可以通过执行"窗口"—"默认面板"—"显示面板"，默认面板显示后点击"样式"，在弹出的面板中选择"编辑"面板的"平面设置"选项卡进行设置，如图 6-146～图 6-148 所示。

图 6-146 "编辑"选项卡

图 6-147 "平面设置"选项卡

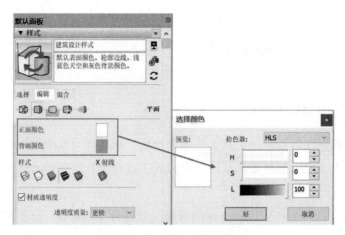

图 6-148　"颜色选择"设置

2. 材质编辑器

单击"材质"工具按钮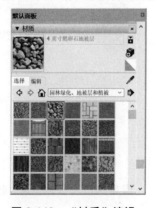，或执行"工具"—"材质"菜单命令，均可打开"材质"面板。在"材质"面板中有"选择"和"编辑"两个选项卡，这两个选项卡用来选择与编辑材质，也可以浏览当前模型中使用的材质。"材质"面板的详细说明如下：

（1）点"按开始使用这种颜料绘画"窗口：该窗口用于材质预览窗口，选择或提取一个材质后，在该窗口中会显示这个材质，同时会自动激活"材质"工具。

（2）"名称"文本框：选择一种材质并赋予模型后，在"名称"文本框中将显示该材料的名称，用户可以在这里为材质重命名，如图 6-149、图 6-150 所示。

图 6-149　"材质"编辑

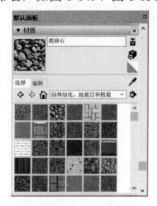

图 6-150　名称设置

（3）创建材质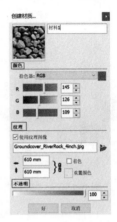：单击该按钮即可弹出"创建材质"面板，在该对话框中可以对材质的名称、颜色、大小等属性进行设置，如图 6-151、图 6-152 所示。

图 6-151　打开"创建面板"　　　　　图 6-152　"创建材质"面板

1）"选择"面板

"选择"面板的界面如图 6-153 所示。其中的按钮及菜单说明如下：

（1）"后退""前进"按钮◇ ◇：在浏览材质库时，使用这两个按钮可以前进或后退。

（2）"模型中"按钮☖：单击该按钮可以快速显示当前场景中使用的材质列表。

（3）"提取材质"工具✎：单击该按钮可以从场景中提取材质，并将其设置为当前材质。

（4）"详细信息"按钮➡：点击箭头按钮将弹出一个快捷菜单，如图 6-154 所示。

①打开和创建材质库：用于载入一个已存在的文件夹或创建一个文件夹到"材质"面板中。执行该命令弹出的对话框中不能显示文件，只能显示文件夹。

②集合另存为/将集合添加到个人收藏：用于将选择的文件夹添加到收藏夹中。

③删除：该命令可以将选择的文件夹从收藏中删除。

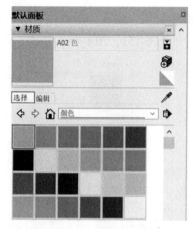

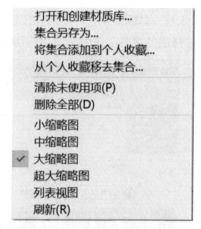

图 6-153　"选择"面板　　　　图 6-154　"详细信息"快捷菜单

　　④小缩略图/中缩略图/大缩略图/超大缩略图/列表视图："列表视图"命令用于将材质图标以列表状态显示，其余 4 个命令将用于调整材质图标显示的大小，如图 6-155～图 6-159 所示。

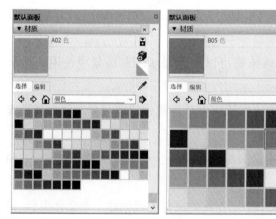
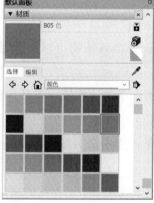
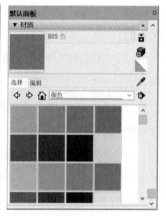

图 6-155　小缩略图　　　　图 6-156　中缩略图　　　　图 6-157　大缩略图

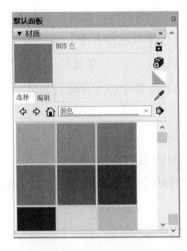

图 6-158　超大缩略图

图 6-159　列表图标

2）"编辑"面板

"编辑"面板的界面如图 6-160 所示，具体说明如下。

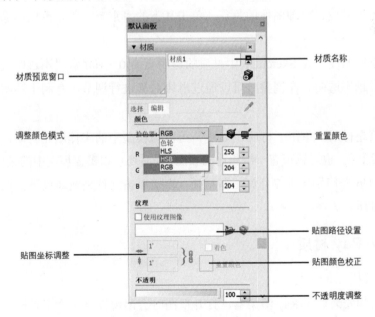

图 6-160　"材质"编辑器功能图解

（1）材质名称。新建材质后为其命名易于识别的名称，该材质的命名应该正规、简短，如"水纹""玻璃"等，也可以以拼音首字母进行命令，如"SW""BL"等。如果场景中有多个类似的材质，则应添加后缀，加以简单地区分，如"玻璃-半透明""玻璃-磨砂"等，此外，也可以根据材质模型中的对象进行区分，如"水文-溪流""水文-水池"等。

（2）材质预览。通过材质预览可以快速查看当前新建材质的材质效果，在预览窗口内可以对颜色、纹理以及透明度进行实时的预览。

（3）颜色模式。可通过"色轮""HLS""HSB"和"RGB"4 种颜色模式调节出我们所需要的颜色。

（4）纹理图像路径。按下"纹理图像路径"后的"浏览"按钮，将打开"选择图像"面板进行纹理图像的加载。

（5）纹理图像坐标。默认的纹理图像并不一定适合场景对象，此时可以通过调整"纹理图像坐标"，以得到比较理想的显示效果。

（6）纹理图像色彩校正。除了可以调整纹理图像尺寸与比例，勾选"着色"复选框，还可以校正纹理图像的色彩。单击其下的"重置颜色"色块，颜色即可还原。

（7）不透明度。在 SketchUp 中材质的透明度为 0～100%，"不透明度"数值越高，材质越不透明。在调整时可以通过滑块对其进行调节，有利于透明度的实时观察。

（8）填充材质。单击"材质"工具可以为模型中的实体填充材质，既可以为单个元素上色，也可以填充一组相连的表面，同时还可以覆盖模型中的某些材质。

SketchUp 分门别类地制作好一些材质，直接单击文件夹或通过下拉按钮即可进入该类材质。

6.5.2 V-Ray 材质

1. 工具栏

草图大师安装好 V-Ray 渲染器，打开草图时会出现以下 4 个工具栏。

（1）渲染工具。

图 6-161　渲染工具栏

（2）实用工具。

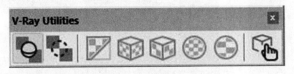

图 6-162　实用工具栏

（3）灯光面板。

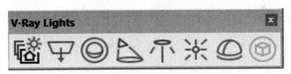

图 6-163　灯光面板工具栏

（4）几何工具。

图 6-164　几何工具栏

（5）资源管理器。V-Ray 渲染器中的资源管理器是最常用的模块，单击左键打开资源管理器，如图 6-165 所示，面板上菜单栏图标从左到右依次表示▦材质列表、▤灯光列表、▥几何面板、▤渲染元素、▣纹理列表、▧渲染设置面板、▤渲染按钮、▤渲染真窗口。向左箭头◄展开是 V-Ray 自带材质球，可以直接使用；向右箭头►展开是管理面板中相对应的详细参数，例如打开渲染器操作面板中的"材质列表工具",点击"向左箭头"和"向右箭头",获得详细的操作界面,如图 6-166 所示。

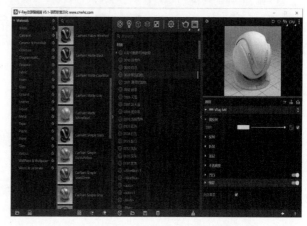

图 6-165　资源管理器操作界面　　　　　　图 6-166　材质列表工具操作界面

2. 灯光面板

灯光面板包含面源灯光、球形灯光、聚光灯光、ies 灯光、点光源光、穹顶灯光、网格灯光 7 种灯光模型。

1) V-Ray 灯光

相同属性:灯光默认为联动组件(复制后调节一个参数,其他参数也发生相应改变)。

灯光颜色:调节灯光颜色要适当,通常为微微红、微微黄等营造氛围的暖光,调试灯光的过程中可适当提高饱和度,如室内灯光色温一般为 4 566 K。

亮度范围与面积有关:在面光源强度相同的情况下,光源面积越大灯光越亮(穹顶灯光、点光源除外)。

2) V-Ray 面光源(Rectangle light)(图 6-167、图 6-168)

图 6-167　V-Ray Lights 工具栏

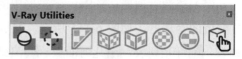

图 6-168　V-Ray Utilities 工具栏

3）其他灯光注意事项及作用

（1）创建聚光灯效果。

创建聚光灯效果时要先设置一根辅助线，点击第一点确定灯光位置，点击第二点确定灯光方向，点击第三点确定灯光照射范围，点击第四点确定衰减范围，整个过程中按住 Shift 键不放，创建过程如图 6-169～图 6-172 所示。

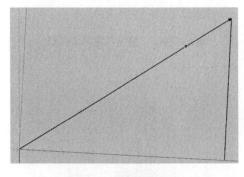

图 6-169　设置辅助线

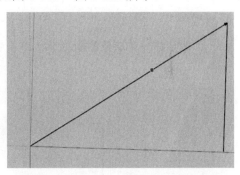

图 6-170　确定灯光位置

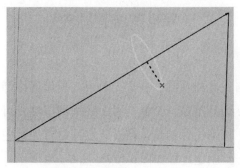

图 6-171　确定灯光方向

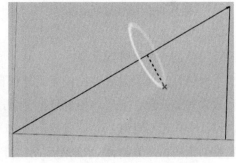

图 6-172　确定灯光照射范围

（2）创建 ies 灯光效果。

创建 ies 灯光效果时要加载 ies 灯光文件。首先点击 ies 灯光图标，在"文件"菜单中打开需要的 ies 文件，在"视图"菜单中调节灯光属性。创建过程如图 6-173～图 6-176 所示。

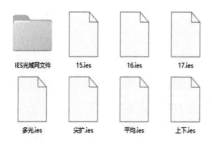

图 6-173　打开所需 ies 文件

图 6-174　"视图"菜单工具栏

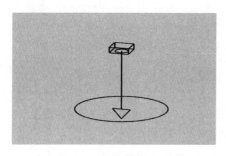

图 6-175　绘制辅助线条

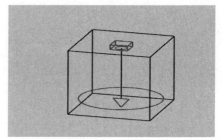

图 6-176　调节灯光参数

（3）创建网格灯光效果。

网格灯光效果是能够比较完美替代自发光材质的一种灯光效果。使用网格灯光效果的必要条件是所选模型是一个组，而且不是一个嵌套组。使用网格灯光可以设计一些异形灯带或异形自发光物体。特别注意的是，在设计过程中首先选中所要创建的自发光物体，才能使用网格灯光。创建过程如图 6-177～图 6-179 所示。

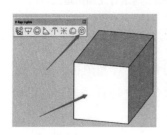

图 6-177　模型组合

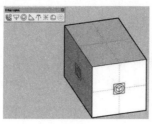

图 6-178　选中自发光体

图 6-179　调节灯光参数

（4）穹顶灯光效果。

穹顶灯光效果常用来设计场景中特定的环境光，可通过添加 hdr 文件模拟真实的环境光。

4）灯光面板详细参数

以面源灯光为例：创建好一个面源灯光后，打开 V-Ray 渲染工具中的资源管理器，在右侧界面中即可获取面源灯光的详细参数。如图 6-180、图 6-181 所示。

颜色/纹理：调灯光颜色；

强度：调节灯光照射强度；

形状：调节灯光照射范围。

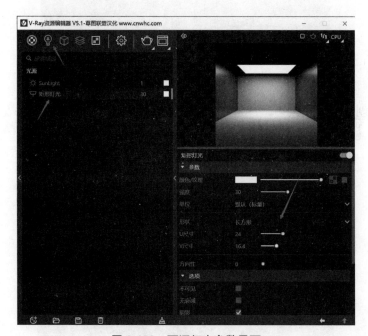

图 6-180　面源灯光参数界面

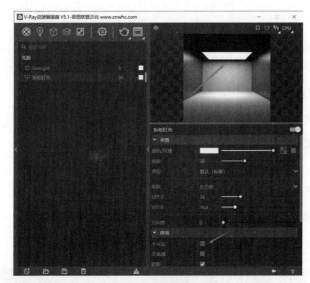

图 6-181 设置灯光参数

5）删除灯光效果

删除创建的灯光效果，首先打开资源管理器中的灯光列表，点击左键选中灯光，使用 Delete 键进行删除或者点击"垃圾桶"图标进行删除。具体操作如图 6-182所示。

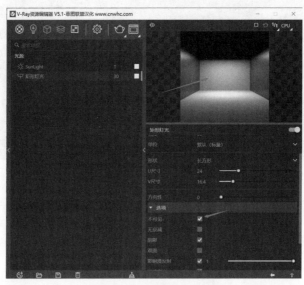

图 6-182 删除灯光效果

3．材质属性

在调整材质时，多观察材质球的状态，不要盲目调整。在调节材质参数之前，一定要思考所调物体的物理属性，根据物体属性的强弱，对相关参数进行调节。切换材质球的类型，便于观察。

1）漫反射（Diffuse）

漫反射是投射在粗糙表面上的光向各个方向反射的现象。当一束平行的入射光线射到粗糙表面时，表面会把光线向着四面八方反射，所以入射线互相平行，由于各点的法线方向不一致，造成反射光线向不同的方向无规则地反射，这种反射称为"漫反射"（图 6-183、图 6-184）。

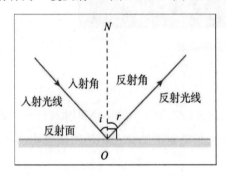 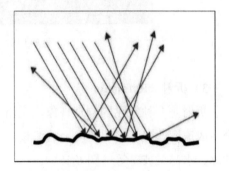

图 6-183　漫反射光线示意图　　　　　图 6-184　漫反射原理示意图

2）反射（Reflection）

（1）镜面反射，即物体的反射面是光滑的，光线平行反射，如镜子、抛光木、地板之类。

（2）光泽（Reflection Glossiness）。光泽是物体表面反射物体清晰程度，光泽作为物体的表面特性，取决于表面对光的镜面反射能力。物体表面越光滑，镜面反射就越强，反射出来的物体就越清晰。

（3）菲尼尔（Fresnel）。菲尼尔是指当光达到材质交界时，一部分光被反射，另一部分光发生折射，即视线垂直于表面时，反射较弱，而当视线非垂直于表面时，夹角越小，反射越明显。所有物体都有菲尼尔反射，只是强度大小不同（图 6-185）。

图 6-185　菲尼尔反射

3）折射（Refraction）

折射是一种常见的物理现象，是指当物体或波动由一种媒介斜射入另一种媒介造成速度改变而引起角度上的偏移，一般引起折射的物体为半透明或透明物体，如冰、水晶、玻璃等（图 6-186）。

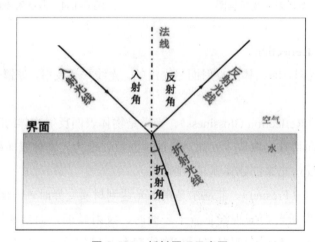

图 6-186　折射原理示意图

折射率（Refraction IOR）：在物理世界中，IOR 为灯光穿过透明材质与观察者用眼睛或摄影机观看时，其所在介质的相对速度。通常这与对象的密度有关，IOR 越大，对象的密度越大。折射率越大，透过物体的弯曲程度就越大。

4．材质详解

打开渲染工具中的资源管理器后，选中"材质列表"，在右侧界面中可获取到材质的详细参数，包括漫反射、反射、折射、涂层（Coat）、透明度（Opacity）、凹凸属性（Bump）、绑定（Binding）等参数。在左侧界面中可选择渲染器自带的材质球，从中可以选择所用材质，具体操作如图 6-187、图 6-188 所示。

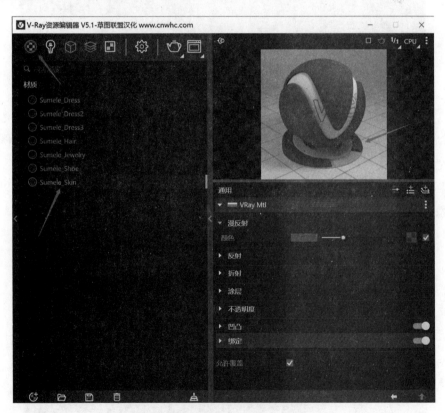

图 6-187　打开资源管理器

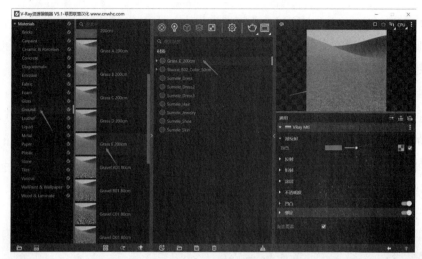

图 6-188　打开材质列表

如果遇到需要使用纹理贴图的情况，设置物体材质时，需在默认界面中选中"材质工具"，并在编辑菜单中选择"纹理"选项，调节数值即可控制纹理贴图的长宽比。

（1）漫反射——物体的固有颜色，可以通过"拾色器"进行调节，也可以通过添加贴图进行调节。具体操作如图 6-189、图 6-190 所示。

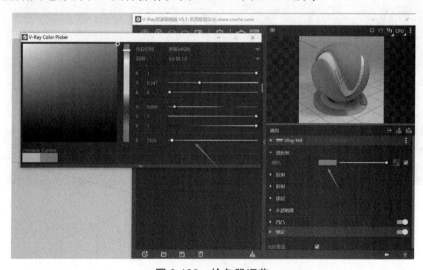

图 6-189　拾色器调节

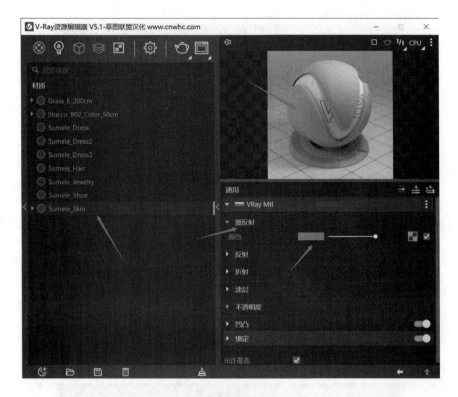

图 6-190　贴图调节

（2）反射——反射颜色，可以通过调节不同的明度参数调节反射颜色的反射强弱变化，进而改变反射颜色。具体操作如图 6-191 所示。

（3）折射——折射颜色控制折射的强弱，Fog Color（雾）控制折射显示的颜色，其他数值根据所调材质来调节。具体操作如图 6-192 所示。

（4）凹凸——通过添加贴图或者其他元素来使物体表面变得粗糙或者使纹理更加明显。具体操作如图 6-193 所示。

（5）删除材质——打开资源管理器，选中"材质列表"，点击左键选中材质，使用 Delete 键或者点击"垃圾桶"图标进行删除。具体操作如图 6-194 所示。

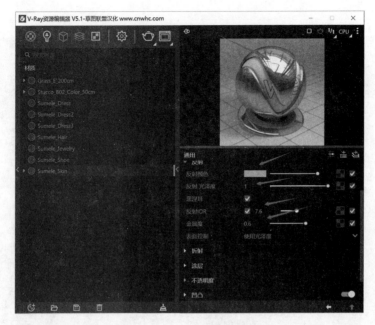

图 6-191　反射颜色调节

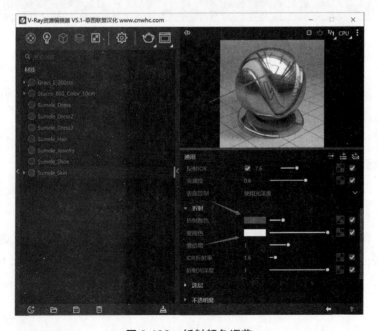

图 6-192　折射颜色调节

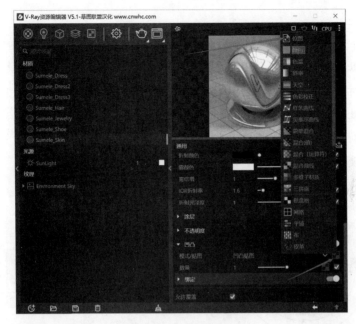

图 6-193　凹凸参数设置

图 6-194　删除材质

思考与练习

1. SketchUp 中通常不能直接制作球体，哪些方式能绘制出球体模型？

2. 鼠标滚轮在 SketchUp 中的用途有哪些？

3. SketchUp 的材质属性包括哪几种？

4. SketchUp 视图风格有哪几种？风格样式如何调整？

5. 请使用本章所学工具，根据以下视图构建出相关模型。

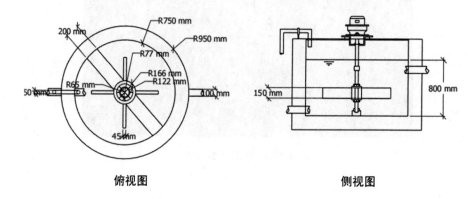

俯视图   侧视图

第三篇
环境工程设计综合能力训练

第 7 章　环境工程设计综合训练

7.1　污水处理工程设计

　　本节将以云南省昆明市一家会议中心为例进行设计。该会议中心是一家集餐饮、住宿、休闲、会议等经营项目于一体的商务别墅酒店，整个会议中心的污水处理与回用、雨水资源利用，以及景观水体水质保持等对周围水体环境的保护具有重要意义。本设计的会议中心服务人数 4 900 人，污水量为 850 m³/d。本设计遵循以下原则：

　　（1）贯彻执行国家关于环境保护的政策，符合国家的有关法规、规范及标准。

　　（2）根据设计进水水质和出厂水质要求，所选污水处理工艺力求技术先进、成熟、处理效果好、运行稳妥可靠、高效节能、经济合理、确保污水处理效果，减少工程投资及日常运行费用。

　　（3）处理系统耐负荷冲击，适应能力强。处理系统处理能力具有较大的弹性，可根据排水量随意调整。

　　（4）妥善处理和处置污水处理过程中产生的栅渣、沉砂和污泥，避免造成二次污染。

　　（5）总体布置紧凑，占地面积小。

　　（6）为确保工程的可靠性及有效性，提高自动化水平，降低运行费用，减少日常维护检修工作量，改善工人操作条件，本工程中的关键设备拟从国外引进。其他设备和器材则采用合资企业或国内名牌产品。

　　（7）采用现代化技术手段，实现自动化控制和管理，做到技术可靠、经济合理。

7.1.1 工艺流程

本设计采用改良型生物接触氧化+膜过滤组合工艺，该工艺具有运行费用低、操作简单方便的特点，此改良型生物接触氧化工艺在主体工艺前增加厌氧与缺氧段，以达到脱氮除磷的目的。污水经格栅去除粗大悬浮物后，进入调节池，在调节池内调匀水质水量，然后泵入厌氧、缺氧、接触氧化组合处理单元，经过氨化、聚磷、硝化、反硝化等生化过程，将有机物、氮、磷等污染物质去除。之后进入二沉池除去大颗粒悬浮物，通过膜过滤去除微小颗粒与胶体物质，经净化处理的清水进入紫外消毒池进行消毒，最后排水达到回用标准。由接触氧化池排出的污泥通过污泥管部分污泥根据需要回流到厌氧与缺氧池，剩余污泥经脱水后外运处置，上清液通过水泵打回调节池（图 7-1）。

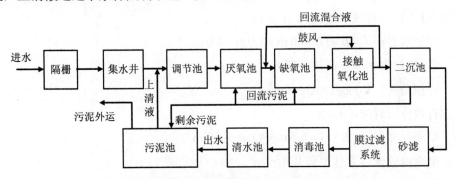

图 7-1 改良型生物接触氧化+膜过滤组合工艺流程

7.1.2 主要构筑物及设备

1. 集水井

尺寸：

$$L \times B \times H = 1.2\,\mathrm{m} \times 1.2\,\mathrm{m} \times 4.0\,\mathrm{m}$$

式中：L 为长度，m；B 为宽，m；H 为高，m；下同。

2. 隔栅

隔栅渠：

$$L \times B \times H = 4.0\,\mathrm{m} \times 0.65\,\mathrm{m} \times 2.5\,\mathrm{m}$$

中隔栅:

$L \times B$=1.0 m×0.5 m，栅条间隙 10 mm，栅条数 10 个，采用机械清渣；安装倾角：60°。

平行设置相同尺寸的人工隔栅一个，用于机械检修时使用。同时设置一个隔栅房 3.0 m×3.0 m×2.5 m，位于地面上。

栅渣量：0.006 m^3/d。

3. 调节池

调节时间：10 h

尺寸：$L \times B \times H$=11.0 m×9.0 m×4.0 m

4. 厌氧池+缺氧池（两座并联）

BOD_5 污泥负荷 0.20[$kgBOD_5$/(kgMLSS·d)]，停留时间 2.4 h（厌氧池：缺氧池＝1：1），有效水深 3.50 m。

单座尺寸：$L \times B \times H$=4.0 m×3.0 m×4.0 m

5. 接触氧化池（两座并联）

容积负荷：1.0 kg BOD_5/（m^3·d）

有效停留时间：4.4 h

单座尺寸：$L \times B \times H$=6.5 m×4.0 m×4.0 m

单座内置弹性立体填料共 105 m^3。

单座底部设置管式曝气器 32 个，每个服务面积为 0.8 m^2。

6. 二沉池

表面负荷：3.0 m^3/（m^2·h）

沉淀时间：27 min

单座尺寸：$L \times B \times H$=2.5 m×2.5 m×4.0 m

7. 砂滤罐 2 个

尺寸：$\phi 2\,000 \times 2\,600$，处理水量 Q=18 t/h

8. 出水池 2 个

尺寸：$L \times B \times H$=3.0 m×2.0 m×4.0 m

9. 一体化膜过滤系统控制房

尺寸：$L \times B \times H$=6.0 m×4.0 m×4.5 m

此控制房与综合房合建。

10. 紫外消毒池

尺寸：$L \times B \times H = 3.0\,\text{m} \times 1.0\,\text{m} \times 0.8\,\text{m}$

设置一组两个模块，每个模块 4 根灯管。

11. 储泥池

尺寸：$L \times B \times H = 6.0\,\text{m} \times 3.2\,\text{m} \times 4.0\,\text{m}$

12. 清水池

尺寸：$L \times B \times H = 5.0\,\text{m} \times 4.0\,\text{m} \times 4.0\,\text{m}$

13. 综合房

风机房、污泥脱水、自控室。

尺寸：$L \times B \times H = 10.0\,\text{m} \times 4.0\,\text{m} \times 4.5\,\text{m}$

7.1.3 工艺设计图

见附图 1～附图 4。

7.2 烟气除尘脱硫工程设计

本节主要是以攸县某垃圾热解厂在对垃圾进行热解处理时所产生的热解烟气为例进行设计。垃圾热解技术是一种较为绿色的处理技术，其所产生的烟气中的污染物含量较低，随着我国对环境的日益重视，对污染物的排放要求日益严格，对其产生的污染物进行处理，既有利于企业的发展，又能保护环境。

本次设计中烟气温度为 250℃，烟气量为 10 000 m³/h（标态），所含颗粒物为 800 mg/m³（标态），SO_2 为 200 mg/m³（标态），二噁英为 2 ng TEQ/m³（标态）。

7.2.1 脉冲袋式除尘器

1. 袋式除尘器的设计计算

1）计算处理气体量

（1）工况流量。

工作状态下的气体流量为

$$Q_0 = \frac{Q_1 T_0}{T} \qquad\qquad (7\text{-}1)$$

式中：Q_0——工况下的烟气流量，m^3/h；

Q_1——标准状态下的烟气流量，m^3/h；

T_0——工况下的烟气温度，K；

T——标准状态下的烟气温度，273 K。

$$Q_0 = \frac{10\,000 \times (250 + 273)}{273} = 19\,158\ m^3/h$$

（2）处理气体量。

$$Q = Q_s - \frac{(273 + t_c) \times 101.324}{273 p_a}(1 + K) \qquad\qquad (7\text{-}2)$$

式中：Q——通过除尘器的含尘气体量，m^3/h；

Q_s——生产过程中产生的气体量，m^3/h；

t_c——除尘器内气体的温度，℃；

p_a——环境大气压力，kPa；

K——除尘器前漏风系数，取值为 0.03。

$$Q = 19\,158 - \frac{(273 + 250) \times 101.324}{273 \times 101.325} \times (1 + 0.03) = 19\,156\ m^3/h$$

取 $Q = 19\,200\ m^3/h$。

2）计算滤袋数量

（1）总过滤面积。

$$S_0 = \frac{Q}{60v} \qquad\qquad (7\text{-}3)$$

式中：S_0——袋式除尘器的过滤面积，m^2；

Q——除尘器的处理风量，m^3/h；

v——除尘器的过滤风速，m/min。

过滤风速根据脉冲喷吹清灰方式，取 $v = 1.0$ m/min。由于脉冲式的清灰时间很短，可以用毛过滤风速计算过滤面积。

$$S_0 = \frac{19\,200}{60 \times 1.0} = 320 \text{ m}^2$$

（2）单条滤袋面积。

$$S_d = \pi DL \tag{7-4}$$

式中：S_d——单条圆形滤袋的公称面积，m^2；

    D——滤袋直径，m；

    L——滤袋长度，m。

选用圆形滤袋，滤袋直径 $D = 150$ mm，滤袋长度 $L = 5$ m。

$$S_d = 3.14 \times 0.15 \times 5 = 2.36 \text{ m}^2$$

式中，S_d 为滤袋的净过滤面积，由于滤袋安装时需要占用一定面积，且没有过滤的面积占滤袋的 5%～10%。故实际滤袋长度 $L = 5.3$ m。

（3）确定滤袋条数。

$$n = \frac{S_0}{S_d} = \frac{320}{2.36} = 136 \text{ 条}$$

3）排列组合

以圆形花板为依据，考虑滤袋直径、孔间隔及边距等必要尺寸，排列组合，确定滤袋实际分布数量。

$$D_0 = \left(\frac{q_{vt}}{2\,826 v_g} \right)^{0.5} \tag{7-5}$$

$$D = m(d + a) + 2a_0 \tag{7-6}$$

式中：D_0——圆筒计算直径，m；

    q_{vt}——每台除尘器处理风量，m^3/h；

    v_g——圆筒断面速度，m/s，v_g 取 0.7～1.0 m/s；

    m——直径上花板孔的最大数量，个；

    d——滤袋直径，m；

    a——花板孔净间隔，m，一般 a 取 50～70 mm；

    a_0——距筒壁的净边距，m，一般 a_0 取 120～150 mm；

    D——圆筒实际定性直径，m，校核时要求 $D \geqslant D_0$。

取 $v_g = 1.0 \, \text{m/s}$， $a = 50 \, \text{mm}$， $a_0 = 150 \, \text{mm}$。

$$D_0 = \left(\frac{19\,200}{2\,826 \times 1.0} \right)^{0.5} = 2.6 \, \text{m}$$

根据 $D_0 = 2.6 \, \text{m}$，可计算出直径上花板孔的最大数量为 12 个，$m = 12$ 个。

$$D = 12 \times (0.15 + 0.05) + 2 \times 0.15 = 2.7 \, \text{m}$$

校核 $D > D_0$，满足要求。取圆筒直径 $D = 2.8 \, \text{m}$。

以花板中心线为准，组织滤袋花板孔对称成排分布。实际装设 $\phi 150 \times 5\,000 \, \text{mm}$ 滤袋 137 条，超过了 136 条。

4）喷吹管设计计算

采用 3in 淹没式脉冲阀，其所选用的喷吹管一般采用无缝钢管外径为 $\phi 89$，其壁厚 $\leqslant 4 \, \text{mm}$。3in 淹没式脉冲阀出口直径为 81 mm，拟带 13 条 $\phi 150 \times 5\,000 \, \text{mm}$ 滤袋。

（1）喷吹口孔径。

$$\phi_p = \sqrt{\frac{Cd_1^2}{n_1}} \tag{7-7}$$

式中：ϕ_p——喷吹口平均孔径，mm；

　　　C——系数，取 50%～65%；

　　　n_1——喷吹孔数量；

　　　d_1——脉冲阀出口直径，mm。

取系数 $C = 50\%$，可得

$$\phi_p = \sqrt{\frac{Cd_1^2}{n_1}} = \sqrt{\frac{0.5 \times 81 \times 81}{13}} = 16 \, \text{mm}$$

（2）喷吹导流管长度。

$$l = C_k \frac{\phi_p}{K} \tag{7-8}$$

式中：l——导流管长度，mm；

　　　C_k——系数，取 $C_k = 0.2 \sim 0.25$；

　　　K——射流紊流系数，柱形射流 $K = 0.08$。

取系数 $C_k = 0.2$，可得

$$l = 0.2 \times \frac{16}{0.08} = 40 \text{ mm}$$

导流管内径选择 30 mm，则导流管设计为 $\phi_1 30 \times 3$ mm 焊管，长度 $l = 40$ mm。

（3）喷吹管到袋口的距离。

$$h_1 = \frac{1}{2} \times \frac{\phi}{\tan a} \tag{7-9}$$

式中：h_1——喷吹口到花板距离，mm；

　　　ϕ——袋口直径，mm；

　　　a——喷射角，（°），$a = 15.5°$。

$$h_1 = \frac{1}{2} \times \frac{150}{\tan 15.5°} = 270 \text{ mm}$$

喷吹管中心距袋口为

$$h = h_1 + \frac{1}{2}d_1 = 270 + 40 = 310 \text{ mm}$$

除尘器喷吹管中心距离花板面的距离为 $h = 310$ mm。

5）确定相关尺寸

（1）封头高度：

$$H_1 = 0.25D + 80 \tag{7-10}$$

（2）净气室高度：

$$H_2 = 2h \tag{7-11}$$

（3）尘气室高度：

$$H_3 = L + \Delta H \tag{7-12}$$

（4）灰斗高度：

$$H_4 = \frac{0.5(D - d_2)}{\tan \beta} + \Delta h \tag{7-13}$$

式中：H_1——封头高度，m；

　　　H_2——净气室直线段高度，m；

　　　H_3——尘气室高度，m；

ΔH——安全高度，一般 ΔH 取 $300\sim500$ mm；

H_4——灰斗高度，m；

d_2——排灰口直径，m；

$\tan\beta$——灰斗倾斜的正切，一般 β 取 $30°\sim32°$；

Δh——排灰管直线段高度，m，一般 Δh 取 $80\sim120$ mm。

（1）支架高度：按实际需要确定支架形式与排灰口至支座底脚的高度 H_5。

（2）设备总高度：

$$H = H_1 + H_2 + H_3 + H_4 + H_5 \qquad (7\text{-}14)$$

式中：H——设备总高度，m。

6）计算

（1）封头高度：$H_1 = 0.25 \times 2\,800 + 80 = 780$ mm 。

（2）净气室高度：由于净气室高度，应加上喷吹管中心距离花板面的距离，所以净气室高度为 $H_2 = 3 \times 316 = 948$ mm ，取净气室高度 $H_2 = 950$ mm 。

（3）尘气室高度：取安全高度 $\Delta H = 500$ mm 。

$$H_3 = 5\,000 + 500 = 5\,500 \text{ mm}$$

（4）灰斗高度：取排灰口直径 $d_2 = 200$ mm，灰斗正切角度 $\beta = 30°$，排灰管直线段高度 $\Delta h = 100$ mm 。

$$H_4 = \frac{0.5 \times (2\,800 - 200)}{\tan 30°} + 100 = 2\,352 \text{ mm}$$

（5）选用材料为 Q235 制成的钢框架为支架，取 $H_5 = 1\,500$ mm 。

（6）设备总高度：$H = 780 + 950 + 5\,500 + 2\,352 + 1\,500 = 11\,082$ mm 。

2．结构设计计算

1）圆筒计算

（1）设计温度下圆筒的计算厚度：

$$\delta = \frac{p_c D_i}{2[\delta]^t \phi - p_c} \qquad (7\text{-}15)$$

（2）设计温度下圆筒的计算应力：

$$\sigma^t = \frac{p_c(D_i + \delta_e)}{2\delta_e} \qquad (7\text{-}16)$$

（3）设计温度下圆筒的最大允许工作压力：

$$[p_{\mathrm{w}}] = \frac{2\delta_{\mathrm{e}}[\sigma]^{t}\phi}{D_{\mathrm{i}} + \delta_{\mathrm{e}}}$$ （7-17）

2）椭圆形封头的计算厚度

$$\delta_{\mathrm{h}} = \frac{p_{\mathrm{c}}D_{\mathrm{i}}}{2[\sigma]^{t}\phi - 0.5p_{\mathrm{c}}}$$ （7-18）

3）锥壳的计算厚度

$$\delta_{\mathrm{c}} = \frac{p_{\mathrm{c}}D_{\mathrm{c}}}{2[\sigma]^{t}\phi - p_{\mathrm{c}}} \cdot \frac{1}{\cos\alpha}$$ （7-19）

式中：D_{i}——圆筒的内直径，mm；

p_{c}——计算压力，MPa；

δ——圆筒的计算厚度，mm；

δ_{e}——圆筒的有效厚度，mm；

σ^{t}——设计温度下圆筒的计算应力，MPa；

$\sigma^{[t]}$——设计温度下圆筒材料的许用应力，MPa；

ϕ——焊接接头系数；

$[p_{\mathrm{w}}]$——圆筒的最大允许工作压力，MPa；

δ_{h}——椭圆形封头计算厚度，mm；

δ_{c}——锥壳计算厚度，mm；

D_{c}——锥壳计算内直径，mm；

α——锥壳半顶角，(°)。

4）设计指标如下：

工作压力：0.10 MPa，最高压力 0.30 MPa。工作温度：250℃，最高 300℃。结构形式：内压型。材料：Q235-B。根据材料和温度，查《除尘器壳体钢结构设计》，钢板许用应力表，得$[\sigma]^{t} = 86$ MPa。双面焊接接头和相当于双面焊的全焊透对接接头：100%无损检测，$\phi = 1.00$；局部无损检测，$\phi = 0.85$。锥壳半顶角$\alpha = 30°$。

5）计算

（1）圆筒厚度。

$$\delta = \frac{0.30 \times 2\,800}{2 \times 86 \times 0.85 - 0.30} = 5.76 \text{ mm}, \quad 取 \delta = 6 \text{ mm}$$

（2）厚度附加量。

查《工程压力容器设计与计算》中钢板厚度负偏差 C_1 表，可知，钢板厚度为 8～25 mm 的负偏差为 0.8 mm，$C_1=0.8$ mm。对于有磨损或腐蚀的元件，应根据设备寿命和介质材料的腐蚀率来确定腐蚀裕量，推荐值为 2～4 mm，取 $C_2=3$ mm。

$$C = C_1 + C_2 = 0.8 + 3 = 3.8 \text{ mm}, \quad 取 C = 4 \text{ mm}$$

（3）选用厚度。

$$\delta_e = \delta + C = 6 + 4 = 10 \text{ mm}, \quad 实取 \delta_e = 10 \text{ mm}$$

（4）设计温度下计算应力。

$$\sigma' = \frac{0.30 \times (2\,800 + 10)}{2 \times 10} = 42.15 \text{ MPa} \leqslant 86 \text{ MPa （安全）}$$

（5）设计温度下最大允许工作压力。

$$[p_w] = \frac{2 \times 10 \times 86 \times 0.85}{2\,800 + 10} = 0.52 \text{ MPa}$$

（6）封头厚度校核。

$$\delta_h = \frac{0.30 \times 2\,800}{2 \times 86 \times 0.85 - 0.30 \times 0.5} = 5.75 \text{ mm}, \quad 取 \sigma' = 6 \text{ mm}$$

$$\delta_e = \delta_h + C = 6 + 4 = 10 \text{ mm}, \quad 实取 \delta_e = 10 \text{ mm}$$

（7）锥壳厚度。

$$\delta_c = \frac{0.30 \times 2\,800}{2 \times 86 \times 1.00 - 0.30} \times \frac{1}{\cos 30^\circ} = 5.65 \text{ mm}, \quad 取 \delta_c = 6 \text{ mm}$$

$$\delta_e = \delta_c + C = 6 + 4 = 10 \text{ mm}, \quad 实取 \delta_e = 10 \text{ mm}$$

3. 除尘器主要参数及设计结果

除尘器主要工艺结构参数及设计结果见表 7-1。

表 7-1　除尘器主要工艺结构参数及设计结果一览表

设计参数	参数	设计参数	参数
除尘器	圆筒式脉冲袋式除尘器	处理气体量/（m³/h）	19 200
滤料	薄膜复合玻璃纤维	滤袋尺寸	ϕ 150×5 000 mm
过滤风速/（m/min）	1.0	导流管尺寸	ϕ 30×3 mm
需要过滤面积/m²	320	导流管长度/mm	40
需滤袋条数/条	136	圆筒直径/mm	2 800
实际滤袋条数/条	137		

7.2.2　管壳式换热器

1. 换热器的设计计算

由于气体中所含杂质成分较少，气体的物性数据近似按空气处理。考虑到气体黏度较小，作为加热介质，为减少能量的损失，选择气体走管程；采用冷水作为冷冻介质，选择其走壳程。由于冷热流体温差较大，拟采用具有温度补偿功能的固定管板式换热器。

1）确定物性数据

气体：$T_1=250℃ \longrightarrow T_2=30℃$

水：$t_2=60℃ \longleftarrow t_1=20℃$

定性温度（T_m）：换热器进、出口温度的算术平均值。

$$T_m = \frac{T_1+T_2}{2} = \frac{250+30}{2} = 140 \ ℃$$

$$t_m = \frac{t_1+t_2}{2} = \frac{60+20}{2} = 40 \ ℃$$

介质的物性数据见表 7-2。

表 7-2　介质的物性数据

物质	定性温度/℃	密度/（kg/m³）	黏度 μ/（Pa·s）	比热容 C_p/[kJ/（kg·℃）]	导热系数 λ/[W/（m·℃）]	普朗特数 Pr
气体	140	0.854	$2.37×10^{-5}$	1.013	0.034 89	0.684
水	40	992.2	$6.56×10^{-4}$	4.174	0.633 8	4.32

2）初算换热器的换热面积

（1）热负荷。

101.325 kPa、140℃下的烟气的体积流量（q_v）和质量流量（q_m）为

$$q_v = \frac{10\,000 \times (273+140)}{273} = 15\,128\ \text{m}^3/\text{h} = 4.2\ \text{m}^3/\text{s}$$

$$q_m = \rho_1 q_v = 0.854 \times 15\,128 = 12\,919\ \text{kg/h} = 3.59\ \text{kg/s}$$

换热器的热负荷为

$$Q = WC_p(T_1 - T_2) \tag{7-20}$$

式中：W——流体的质量流量，kg/h 或 kg/s；

C_p——流体的平均比热容，kJ/（kg·℃）；

T——流体的温度，℃。1 和 2 分别表示进口与出口。

$$Q = q_m C_{p1}(T_1 - T_2) = 3.59 \times 1.013 \times (250 - 30) = 800\ \text{kW}$$

（2）冷却水流量。

$$q = \frac{Q}{C_{p2}(t_2 - t_1)} = \frac{800}{4.174 \times (60 - 20)} = 4.79\ \text{kg/s} = 17\,244\ \text{kg/h}$$

（3）平均传热温差。

$$\Delta t_m = \frac{\Delta t_2 - \Delta t_1}{\ln \dfrac{\Delta t_2}{\Delta t_1}} \tag{7-21}$$

采用逆流的方式，换热器的平均温差按对数平均传热温差计算

$$\Delta t_m = \frac{(250-60)-(30-20)}{\ln \dfrac{250-60}{30-20}} = 61.13\ ℃$$

该平均温差无须进行修正。

（4）估算传热面积。

热流体为气体，冷流体为水的总传热系数 K 的经验数据范围为 17～280 W/（m²·℃），拟选取总传热系数 $K_0 = 65$ W/（m²·℃）。

传热面积

$$S_0 = \frac{Q}{K_0 \Delta t_m} = \frac{800\,000}{65 \times 61.13} = 201.34 \text{ m}^2$$

3）主要结构基本参数

（1）换热管设计计算。

选用管径为 $\phi 25 \times 2.5$ mm 的管长为 6.0 m 的 304 不锈钢管作为换热管，管外径 $d_o = 25$ mm，管内径 $d_i = 25 - 2 \times 2.5 = 20$ mm。

传热管数 n：

$$n = \frac{S_0}{\pi d_o L} = \frac{201.34}{3.14 \times 0.025 \times 6} = 428 \text{ 根}$$

换热管经过初步排列，可排换热管 453 根，拉杆 6 根。

管程数：

若设管程数为 1 程，则管内气速为

$$u = \frac{q_v}{\dfrac{\pi}{4} d_i^2 n} = \frac{4.2}{0.785 \times 0.02^2 \times 453} = 29.53 \text{ m/s}$$

气速合适，故管程数为 1 程。

（2）换热管的排列及壳体直径。

换热管按正三角形排列，取管心距 $t = 1.25 d_o = 1.25 \times 25 = 31.25 \approx 32$ mm，横过管束中心线的管数为

$$n_c = 1.1\sqrt{n} = 1.1 \times \sqrt{459} \approx 24$$

外壳直径

$$D = t(n_c - 1) + 2b \qquad\qquad (7\text{-}22)$$

式中：b——管束中心线上最外层的中心至壳体内壁的距离，一般取 $b = (1 \sim 1.5)\,d_o$，

　　　m。取 $b = 1.5 d_o$，则

$$D = 32 \times (24 - 1) + 2 \times 1.5 \times 25 = 811 \text{ mm}$$

可圆整为 $D = 800$ mm。

换热管按正三角形排列，实际布设换热管数 453 根，另设置 6 根拉杆。

壳体壁厚的计算

$$\delta = \frac{p_c D_i}{2[\sigma]' \phi - p_c} \tag{7-23}$$

选取设计压力 $p_c = 0.3\,\text{MPa}$，设计温度 T=300℃，壳体材料为Q235。根据材料和温度，查得其相应的许用应力$[\sigma]'$=86 MPa。单面焊的对接焊缝，局部无损检测，ϕ =0.80。腐蚀裕度C=3+0.6=3.6 mm。

$$\delta_e = \frac{0.3 \times 800}{2 \times 86 \times 0.8 - 0.3} + 3.6 = 5.3\,\text{mm}$$

实取厚度为δ_e=6 mm。

（3）折流板。

采用弓形折流板，切去圆缺的高度为壳体的 25%，切去圆缺的高度为

$$h = 0.25 \times 800 = 200\,\text{mm}$$

取折流板间距为z=300 mm，则挡板数量为

$$N_B = \frac{6\,000}{300} - 1 = 19\text{块}$$

折流挡板圆缺垂直放置。

（4）换热器接管尺寸。

取气体在输送管内的流速为25 m/s，则接管的内径为

$$d_g = \sqrt{\frac{4q_v}{\pi u}} = \sqrt{\frac{4 \times 4.2}{3.14 \times 25}} = 463\,\text{mm}$$

根据《无缝钢管尺寸、外形、重量及允许偏差》（GB/T 17395—2008），选用无缝钢管 $\phi\,500 \times 12\,\text{mm}$。

水的体积流量

$$V = \frac{q}{\rho} = \frac{4.79}{992.9} = 0.004\,83\,\text{m}^3$$

取水在输送管内的流速为2 m/s，则接管的内径为

$$d_v = \sqrt{\frac{4V}{\pi u}} = \sqrt{\frac{4 \times 0.004\,83}{3.14 \times 2}} = 56\,\text{mm}$$

根据GB/T 17395—2008，选用无缝钢管 $\phi\,60 \times 1\,\text{mm}$。

4）总传热系数

（1）管程给热系数。

$$\alpha_i = 0.023 \frac{\lambda_1}{d_i} Re^{0.8} Pr^{0.3} \tag{7-24}$$

气体经过管程，其雷诺数为

$$Re_1 = \frac{d_i u_1 \rho_1}{\mu_1} = \frac{0.02 \times 29.53 \times 0.854}{2.37 \times 10^{-5}} = 21\,282$$

普朗特数 $Pr = 0.684$

导热系数 $\lambda_1 = 0.034\,89\ \mathrm{W/(m \cdot ℃)}$

管程给热系数

$$\alpha_i = 0.023 \times \frac{0.034\,89}{0.02} \times 212\,82^{0.8} \times 0.684^{0.3} = 103.83\ \mathrm{W/(m^2 \cdot ℃)}$$

（2）壳程给热系数。

$$\alpha_o = 0.36 \frac{\lambda_2}{d_e} Re^{0.55} Pr^{\frac{1}{3}} \varphi_\mu \tag{7-25}$$

式中：d_e——传热当量直径；

φ_μ——$\varphi_\mu = \left(\dfrac{\mu}{\mu_w}\right)^{0.14}$，当液体被加热时，取 $\varphi_\mu \approx 1.05$。

管子排列为正三角形排列

$$d_e = \frac{4\left(\frac{\sqrt{3}}{2} t^2 - \frac{\pi}{4} d_o^2\right)}{\pi d_o} = \frac{4 \times \left(\frac{\sqrt{3}}{2} \times 0.032^2 - \frac{\pi}{4} \times 0.025^2\right)}{\pi \times 0.025} = 0.02\ \mathrm{m}$$

流体流过管间最大截面积 A

$$A = zD\left(1 - \frac{d_o}{t}\right) = 0.3 \times 0.8 \times \left(1 - \frac{0.025}{0.032}\right) = 0.052\,5\ \mathrm{m^2}$$

流速 u_2

$$u_2 = \frac{q}{A} = \frac{4.79}{0.052\,5 \times 992.2} = 0.092\ \mathrm{m/s}$$

雷诺数 Re_2

$$Re_2 = \frac{d_e u_2 \rho_2}{\mu_2} = \frac{0.02 \times 0.092 \times 992.2}{6.56 \times 10^{-4}} = 2\,783$$

普朗特数 $Pr = 4.32$

导热系数 $= 0.633\,8\,W/(m \cdot ℃)$

壳程给热系数

$$\alpha_o = 0.36 \times \frac{0.633\,8}{0.02} \times 2\,783^{0.55} \times 4.32^{\frac{1}{3}} \times 1.05 = 1\,530\,W/(m^2 \cdot ℃)$$

（3）总传热系数。

管内侧污垢热阻按空气处理，取为 $R_{si} = 3.44 \times 10^{-4}\,m^2 \cdot ℃/W$，管外侧污垢热阻按自来水处理，取为 $R_{so} = 3.44 \times 10^{-4}\,m^2 \cdot ℃/W$。换热管选用 304 不锈钢，其热导率约为 $17.4\,W/(m \cdot ℃)$，总传热系数

$$\frac{1}{K} = \frac{d_o}{\alpha_i d_i} + R_{si}\frac{d_o}{d_i} + \frac{b d_o}{k d_m} + R_{so} + \frac{1}{\alpha_o} \qquad (7\text{-}26)$$

式中：b——间壁厚度，m；

d_m——管平均直径，m。

$$b = 0.002\,5\,m, \quad d_m = \frac{0.02 + 0.025}{2} = 0.022\,5\,m$$

$$\frac{1}{K} = \frac{0.025}{103.83 \times 0.02} + 3.44 \times 10^{-4} \times \frac{0.025}{0.02} + \frac{0.002\,5 \times 0.025}{17.4 \times 0.022\,5} + 3.44 \times 10^{-4} + \frac{1}{1\,530}$$

$$= 0.013\,626\,(m^2 \cdot ℃)/W$$

解得 $K = 73.39\,W/(m^2 \cdot ℃)$。

5）换热面积

理论上需要的换热面积

$$S = \frac{Q}{K \Delta t_m} = \frac{800\,000}{73.39 \times 61.13} = 178.32\,m^2$$

实际换热器的面积

$$S_1 = n\pi d_o L = 453 \times 3.14 \times 0.025 \times 6 = 213.36\,m^2$$

面积裕度为

$$H = \frac{S_1 - S}{S} = \frac{213.36 - 178.32}{178.32} \times 100\% = 19.7\%$$

换热面积裕度合适，能够满足换热要求。

2. 压强降的校核计算

1）换热器管程压强降

$$\sum \Delta p_i = (\Delta p_1 + \Delta p_2) \ F_t N_s N_p \tag{7-27}$$

$$\Delta p_1 = \lambda \frac{L}{d_i} \frac{\rho u_1^2}{2} \tag{7-28}$$

$$\Delta p_2 = 3 \frac{\rho u_1^2}{2} \tag{7-29}$$

式中：Δp_1——因直管摩擦阻力引起的压降，Pa；

Δp_2——因回弯阻力引起的压降，Pa；

F_t——管程结垢校正系数，量纲一，对 $\phi 25 \times 2.5\,mm$ 的管子，$F_t = 1.4$；

N_s——串联的壳程数；

N_p——管程数。

已知管程的雷诺数 $Re_1 = 21\,282$，取不锈钢管管壁的粗糙度 $\varepsilon = 0.2\,mm$，则相对粗糙度

$$\frac{\varepsilon}{d_i} = \frac{0.2}{20} = 0.01$$

根据雷诺数和相对粗糙度，查《化工原理》（第三版，柴诚敬等，高等教育出版社）上册，摩擦系数图，可得管流摩擦系数 $\lambda = 0.041$。$F_t = 1.4$，$N_s = 1$，$N_p = 1$。

$$\Delta p_1 = 0.041 \times \frac{6}{0.02} \times \frac{0.854 \times 29.53^2}{2} = 4\,580.0\,Pa$$

$$\Delta p_2 = 3 \times \frac{0.854 \times 29.53^2}{2} = 1\,117.1\,Pa$$

$$\sum \Delta p_i = (4\,580.0 + 1\,117.1) \times 1.4 \times 1 \times 1 = 7\,976.0\,Pa < 0.5\,p$$

式中：p —— 标准大气压，Pa。（下同）

换热器管程压降符合要求。

2）换热器壳程压力降

$$\sum \Delta p_{\mathrm{o}} = (\Delta p_3 + \Delta p_4)\, F_{\mathrm{s}} N_{\mathrm{s}} \qquad (7\text{-}30)$$

$$\Delta p_3 = F f_{\mathrm{o}} n_{\mathrm{c}} (N_{\mathrm{B}} + 1) \frac{\rho u_2^2}{2} \qquad (7\text{-}31)$$

$$\Delta p_4 = N_{\mathrm{B}} \left(3.5 - \frac{2z}{D} \right) \frac{\rho u_2^2}{2} \qquad (7\text{-}32)$$

式中：Δp_3——流体横过管束的压降，Pa；

$\quad\Delta p_4$——流体通过折流挡板缺口的压降，Pa；

$\quad F_{\mathrm{s}}$——壳程结垢校正系数，量纲一，对液体 $F_{\mathrm{s}} = 1.15$；

$\quad F$——管子排列方式对压降的校正系数，对正三角形排列 $F = 0.5$；

$\quad f_{\mathrm{o}}$——壳程流体的摩擦系数，当 $Re_2 > 500$ 时，$f_{\mathrm{o}} = 5.0 Re_2^{-0.228}$。

已知管程的雷诺数 $Re_2 = 2\,783 > 500$，所以 $f_{\mathrm{o}} = 5.0 \times 2\,783^{-0.228} = 0.82$。$F_{\mathrm{s}} = 1.15$，$F = 0.5$。

$$\Delta p_3 = 0.5 \times 0.82 \times 24 \times (19 + 1) \times \frac{992.2 \times 0.092^2}{2} = 826.4\ \mathrm{Pa}$$

$$\Delta p_4 = 19 \times \left(3.5 - \frac{2 \times 0.3}{0.8} \right) \times \frac{992.2 \times 0.092^2}{2} = 219.4\ \mathrm{Pa}$$

$$\sum \Delta p_{\mathrm{o}} = (826.4 + 219.4) \times 1.15 \times 1 = 1\,202.7\ \mathrm{Pa} < 0.5\, p$$

换热器壳程压降符合要求。

3．换热器主要参数及设计结果

换热器主要工艺结构参数及设计结果见表 7-3。

表 7-3　换热器主要工艺结构参数及设计结果一览表

	型式	固定管板式	台数	1
设备结构参数	壳体内径/mm	800	壳程数	1
	管子规格	$\phi\,25 \times 2.5$ mm	管心距/mm	32
	管长/mm	6 000	管子排列	正三角形
	管数/根	453	折流挡板数量/块	19
	传热面积/m²	213.36	折流挡板间距/mm	300
	管程数	1	材质	304 不锈钢

主要设计结果	管程	壳程
流速/（m/s）	29.53	0.092
给热系数/[W/（m²·℃）]	103.83	1 530
污垢热阻/（m²·℃/W）	3.44×10^{-4}	3.44×10^{-4}
压降/Pa	7 976.0	1 202.7
热负荷/kW	800	
传热温差/℃	61.13	
总传热系数/[W/（m²·℃）]	73.39	
面积裕度/%	19.7	

7.2.3　填料吸收塔

1. 填料塔的设计计算

1）基础数据

（1）气相物性数据。

气体的物性数据近似按空气处理，30℃空气的物性参数如下：

密度：$\rho_V = 1.165 \, \text{kg} / \text{m}^3$；

黏度：$\mu_V = 1.86 \times 10^{-5} \, \text{Pa} \cdot \text{s}$；

空气的摩尔质量：$M_V = 28.84 \, \text{kg} / \text{kmol}$；

SO₂ 在空气中的扩散系数：

$$D_V = \frac{4.36 \times 10^{-5} T^{\frac{3}{2}} \left(\dfrac{1}{M_A} + \dfrac{1}{M_B} \right)^{\frac{1}{2}}}{p \left(v_A^{1/3} + v_B^{1/3} \right)^2} \tag{7-33}$$

式中：p——总压强，kPa；

$\quad\quad T$——温度，K；

$\quad\quad M_A$、M_B——A、B 两种物质的摩尔质量，g/mol；

$\quad\quad v_A$、v_B——A、B 两种物质的分子体积，cm³/mol。

可知 $M_A = 64 \, \text{g} / \text{mol}$，$M_B = 28.84 \, \text{kg} / \text{kmol}$，$v_A = 44.8 \, \text{cm}^3 / \text{mol}$，

$v_B = 29.9 \, \text{cm}^3 / \text{mol}$。

$$D_{\mathrm{V}} = \frac{4.36 \times 10^{-5} \times 303^{\frac{3}{2}} \times \left(\frac{1}{64} + \frac{1}{28.84}\right)^{\frac{1}{2}}}{101.325 \times \left(44.8^{\frac{1}{3}} + 29.9^{\frac{1}{3}}\right)^2} = 1.15 \times 10^{-5} \ \mathrm{m^2/s}$$

（2）液相物性数据。

对于低浓度的吸收，液相的物性数据近似按纯水处理，30℃纯水的物性参数如下：

密度：$\rho_{\mathrm{L}} = 995.7 \ \mathrm{kg/m^3}$；

黏度：$\mu_{\mathrm{L}} = 0.000\,8 \ \mathrm{Pa \cdot s}$；

表面张力：$\sigma_{\mathrm{L}} = 0.071\,2 \ \mathrm{N/m}$；

SO_2在水中的扩散系数：

$$D_{\mathrm{L}} = \frac{7.7 \times 10^{-15} T}{\mu_{\mathrm{L}} \left(v_{\mathrm{A}}^{1/3} - v_{\mathrm{O}}^{1/3}\right)} \qquad (7\text{-}34)$$

式中：v_{A}——扩散物质的分子体积，$\mathrm{cm^3/mol}$；

v_{O}——常数，对于扩散在水中的稀溶液，可取 $v_{\mathrm{O}} = 8 \ \mathrm{cm^3/mol}$。

$$D_{\mathrm{L}} = \frac{7.7 \times 10^{-15} \times 303}{0.000\,8 \times \left(44.8^{\frac{1}{3}} - 8^{\frac{1}{3}}\right)} = 1.88 \times 10^{-9} \ \mathrm{m^2/s}$$

（3）相平衡数据。

查得 30℃下二氧化硫-水的亨利系数 $E = 4.85 \times 10^3 \ \mathrm{kPa}$。

相平衡常数

$$M = \frac{E}{p} = \frac{4.85 \times 10^3}{101.325} = 47.87$$

溶解度常数

$$H = \frac{\rho_{\mathrm{L}}}{E M_{\mathrm{s}}} = \frac{995.7}{4.85 \times 10^3 \times 18} = 0.011\,4 \ \mathrm{kmol/(m^3 \cdot kPa)}$$

2）用水量计算

对于 SO_2，SO_2：$200 \ \mathrm{mg/m^3}$（标态），拟取回收率为 95%。$200 \times (1 - 95\%) = 10 \ \mathrm{mg/m^3}$（标态）。

$$y_1 = \frac{0.2}{64} \times 22.4 \times 10^{-3} = 7 \times 10^{-5}$$

以比摩尔分数表示塔底、塔顶的气相组成

$$Y_1 = \frac{y_1}{1 - y_1} = \frac{7 \times 10^{-5}}{1 - 7 \times 10^{-5}} \approx 7 \times 10^{-5}$$

$$Y_2 = Y_1 \times (1 - \eta) = 7 \times 10^{-5} \times (1 - 95\%) = 3.5 \times 10^{-6}$$

水作为吸收剂理论上所能达到的最高浓度

$$X_1^* = \frac{Y_1}{M} = \frac{7 \times 10^{-5}}{47.87} = 1.46 \times 10^{-6}$$

$$X_2 = 0$$

最小液气比

$$\left(\frac{L}{V}\right)_{min} = \frac{Y_1 - Y_2}{X_1^* - X_2} = \frac{7 \times 10^{-5} - 3.5 \times 10^{-6}}{1.46 \times 10^{-6}} = 45.55$$

取实际液气比为最小液气比的 1.2 倍，则

$$\frac{L}{V} = 1.2 \left(\frac{L}{V}\right)_{min} = 1.2 \times 45.55 = 54.66$$

混合气体体积流率

$$V_T = 10\,000 \times \frac{303}{273} = 11\,100 \text{ m}^3 / \text{h} = 3.08 \text{ m}^3 / \text{s}$$

惰性气体的摩尔流率

$$V = \frac{11\,100 \times (1 - 7 \times 10^{-5})}{22.4} = 495.4 \text{ kmol} / \text{h} = 0.137\,6 \text{ kmol} / \text{s}$$

水用量

$$L = 495.4 \times 54.66 = 27\,078.56 \text{ kmol} / \text{h} = 7.522 \text{ kmol} / \text{s}$$

塔底吸收液的组成

$$X_1 = X_2 + \frac{Y_1 - Y_2}{L / V} = 0 + \frac{7 \times 10^{-5} - 3.5 \times 10^{-6}}{54.66} = 1.2 \times 10^{-6}$$

式中：L——单位时间通过塔内任一截面单位面积的吸收液流量；

$\quad\quad y$——任一截面上混合气体中吸收质的摩尔分数；

Y——混合气体中吸收质与惰性气体的摩尔比；

X——吸收液中吸收质与吸收剂的摩尔比。

各符号加下标 1 代表塔底端，加下标 2 代表塔顶端。

3）热量衡算

热量衡算为计算液相温度的变化以判明是否为等温吸收过程。假设 SO_2 溶于水放出的热量全部被水吸收，且忽略气相温度的变化以及塔的散热损失。

$$t_n = t_{n-1} + \frac{H_a}{c_L}(x_n - x_{n-1}) \tag{7-35}$$

式中：H_a——SO_2 的微分溶解热，其值等于蒸汽冷凝潜热与对水的溶解热之和；

c_L——吸收液（以水计）平均比热容；

t_n——液相温度。

对于低浓度气体的吸收，吸收液浓度很低时，按惰性组分及摩尔比浓度计算较为方便，故上式可写为

$$t_{L, n} = t_{L, n-1} + \frac{H_a}{c_L}\Delta X \tag{7-36}$$

由式（7-36），可知 $X = 0 \sim 1.46 \times 10^{-6}$，设系列 X 值，求出相应 X 浓度下吸收液的温度 t_L。

由于 $X_1^* = 1.46 \times 10^{-6}$，数值较小，故温度 $t_L \approx 30℃$。

4）塔径

混合气体的质量流量

$$w_V = V_T \rho_V = 3.08 \times 1.165 = 3.59 \, \text{kg/s}$$

吸收剂的质量流量

$$w_L = 7.522 \times 18 = 135.39 \, \text{kg/s}$$

用贝恩-霍根关联式计算泛点气速

$$\lg\left(\frac{u_F^2}{g}\frac{a_t}{\varepsilon^3}\frac{\rho_V}{\rho_L}\mu_L^{0.2}\right) = A - K\left(\frac{w_L}{w_V}\right)^{\frac{1}{4}}\left(\frac{\rho_V}{\rho_L}\right)^{\frac{1}{8}} \tag{7-37}$$

式中：u_F——泛点气速，m/s；

a_t——填料总比表面积，m²/m³；

ε——填料层孔隙率，m^3/m^3；

A、K——关联常数。

塑料阶梯环，$A=0.204$，$K=1.75$。对于 $38\,mm\times19\,mm\times1.0\,mm$ 塑料阶梯环，$a_t=132.5\,m^2/m^3$，$\varepsilon=0.91$。取 $30\,℃$ 下水的黏度 $\mu_L=0.8\,mPa\cdot s$，则

$$\lg\left(\frac{u_F^2}{9.81}\times\frac{132.5}{0.91^3}\times\frac{1.165}{995.7}\times0.8^{0.2}\right)=0.204-1.75\times\left(\frac{135.39}{3.59}\right)^{\frac{1}{4}}\times\left(\frac{1.165}{995.7}\right)^{\frac{1}{8}}$$

解得泛点气速 $u_F=1.044\,m/s$。取操作气速 $u=0.8u_F=0.8\times1.044=0.84\,m/s$。

塔径

$$D=\sqrt{\frac{V_T}{0.785u}}=\sqrt{\frac{3.08}{0.785\times0.84}}=2.16\,m$$

圆整塔径，$D=2.2\,m$，塔径圆整后的气速

$$u=\frac{V_T}{0.785D^2}=\frac{3.08}{0.785\times2.2^2}=0.81\,m/s$$

校核泛点率

$$\frac{u}{u_F}=\frac{0.811\,5}{1.044}=0.776$$

在允许范围内。

填料规格校核

$$\frac{D}{d}=\frac{2.2}{0.038}=57.89>8$$

符合要求。

取填料最小润湿速率

$$(L_W)_{min}=0.08\,m^3/(m\cdot h)$$

液体最小喷淋密度

$$U_{min}=(L_W)_{min}\,a_t=0.08\times132.5=10.6\,m^3/(m^2\cdot h)$$

实际的液体喷淋密度

$$U=\frac{3\,600w_L/\rho_L}{0.785D^2}=\frac{3\,600\times135.39}{995.7\times0.785\times2.2^2}=128.84\,m^3/(m^2\cdot h)$$

$U>U_{min}$，喷淋密度合理。

壳体壁厚的计算

$$\delta = \frac{p_c D_i}{2[\sigma]^t \phi - p_c} \qquad (7-38)$$

选取设计压力 $p_c = 0.3\,\mathrm{MPa}$，设计温度 $T=100℃$，壳体材料为 Q235。根据材料和温度，查得其相应的许用应力 $[\sigma]^t = 113\,\mathrm{MPa}$。双面焊的对接焊缝，局部无损检测，$\phi = 0.85$。腐蚀裕度 $C = 3 + 0.8 = 3.8\,\mathrm{mm}$。

$$\delta_e = \frac{0.3 \times 2\,200}{2 \times 113 \times 0.85 - 0.3} + 3.8 = 7.3\,\mathrm{mm}$$

实取厚度为 $\delta_e = 8\,\mathrm{mm}$。

5）填料层高度

以清水为吸收剂时，$Y_2^* = 0$

$$\frac{Y_1 - Y_2^*}{Y_2 - Y_2^*} = \frac{Y_1}{Y_2} = \frac{1}{1-\eta} \qquad (7-39)$$

$$N_{OG} = \frac{1}{1 - \dfrac{MV}{L}} \ln \left[\left(1 - \frac{MV}{L} \right) \frac{1}{1-\eta} + \frac{MV}{L} \right] \qquad (7-40)$$

$$\frac{MV}{L} = \frac{47.87 \times 0.137\,6}{7.522} = 0.876$$

$$N_{OG} = \frac{1}{1 - 0.876} \times \ln \left[(1 - 0.876) \times \frac{1}{1 - 95\%} + 0.876 \right] = 9.77$$

气、液两相的质量流速分别为

$$U_V = \frac{w_V}{0.785 D^2} = \frac{3.59}{0.785 \times 2.2^2} = 0.945\,\mathrm{kg}/(\mathrm{m}^2 \cdot \mathrm{s})$$

$$U_L = \frac{w_L}{0.785 D^2} = \frac{135.39}{0.785 \times 2.2^2} = 35.635\,\mathrm{kg}/(\mathrm{m}^2 \cdot \mathrm{s})$$

由恩田关联式，可得填料润湿面积

$$\frac{\alpha_{\mathrm{W}}}{\alpha_{\mathrm{t}}}=1-\exp\left[-1.45\left(\frac{\sigma_{\mathrm{c}}}{\sigma_{\mathrm{L}}}\right)^{0.75}\left(\frac{U_{\mathrm{L}}}{\mu_{\mathrm{L}}a_{\mathrm{t}}}\right)^{0.1}\left(\frac{U_{\mathrm{L}}^{2}a_{\mathrm{t}}}{\rho_{\mathrm{L}}^{2}g}\right)^{-0.05}\left(\frac{U_{\mathrm{L}}^{2}}{\rho_{\mathrm{L}}\sigma_{\mathrm{L}}a_{\mathrm{t}}}\right)^{0.2}\right]\qquad(7\text{-}41)$$

式中：α_{W}——填料的润湿比表面积，$\mathrm{m^2/m^3}$；

　　　α_{t}——填料的总比表面积，$\mathrm{m^2/m^3}$；

　　　σ_{c}——材质的临界表面张力值，mN/m，其中第一个 m 表示 10^{-3}，第二个 m
　　　　　是 m 的单位，下同；

　　　σ_{L}——溶剂（水等）表面张力，mN/m；

　　　U_{L}——液体的质量通量，$\mathrm{kg/(m^2 \cdot h)}$；

　　　a_{t}——塑料阶梯环比表面积，$\mathrm{m^2/m^3}$；

　　　μ_{L}——溶剂黏度，$\mathrm{kg/(m \cdot h)}$；

　　　ρ_{L}——溶剂密度，$\mathrm{kg/m^3}$；

　　　g——重力加速度，$\mathrm{m/s^2}$。

聚丙烯塑料的临界表面张力为 $\sigma_{\mathrm{c}}=0.033\,\mathrm{N/m}$，则

$$\frac{\alpha_{\mathrm{W}}}{\alpha_{\mathrm{t}}}=1-\exp\left[-1.45\times\left(\frac{0.033}{0.071\,2}\right)^{0.75}\times\left(\frac{35.635}{132.5\times0.000\,8}\right)^{0.1}\times\right.$$
$$\left.\left(\frac{132.5\times35.635^{2}}{995.7^{2}\times9.81}\right)^{-0.05}\times\left(\frac{35.635^{2}}{995.7\times0.071\,2\times132.5}\right)^{0.2}\right]$$
$$=0.697$$

即　　　　　　　$\alpha_{\mathrm{W}}=0.697\times132.5=92.35\,\mathrm{m^2/m^3}$

气相分传质系数

$$k_{\mathrm{G}}=0.237\left(\frac{U_{\mathrm{V}}}{\mu_{\mathrm{V}}a_{\mathrm{t}}}\right)^{0.7}\left(\frac{\mu_{\mathrm{V}}}{\rho_{\mathrm{V}}D_{\mathrm{V}}}\right)^{1/3}\left(\frac{a_{\mathrm{t}}D_{\mathrm{V}}}{RT}\right)\qquad(7\text{-}42)$$

$$k_{\mathrm{G}}=0.237\times\left(\frac{0.945}{1.86\times10^{-5}\times132.5}\right)^{0.7}\times\left(\frac{1.86\times10^{-5}}{1.15\times10^{-5}\times1.165}\right)^{1/3}\times\left(\frac{132.5\times1.15\times10^{-5}}{8.314\times303}\right)$$
$$=1.028\times10^{-5}\,\mathrm{kmol/(m^2 \cdot s)}$$

液相分传质系数

$$k_{\text{L}} = 0.009\,5 \left(\frac{U_{\text{L}}}{\mu_{\text{L}} a_{\text{w}}} \right)^{\frac{2}{3}} \left(\frac{\mu_{\text{L}}}{\rho_{\text{L}} D_{\text{L}}} \right)^{-\frac{1}{2}} \left(\frac{\mu_{\text{L}} g}{\rho_{\text{L}}} \right)^{\frac{1}{3}} \tag{7-43}$$

$$k_{\text{L}} = 0.009\,5 \times \left(\frac{35.635}{92.49 \times 0.000\,8} \right)^{\frac{2}{3}} \times \left(\frac{0.000\,8}{995.7 \times 1.88 \times 10^{-9}} \right)^{-\frac{1}{2}} \times \left(\frac{0.000\,8 \times 9.81}{995.7} \right)^{\frac{1}{3}}$$

$$= 5.6 \times 10^{-4}\,\text{kmol} / [\,\text{m}^2 \cdot \text{s} \cdot (\text{kmol} / \text{m}^3)\,]$$

气液相体积分传质系数

查《化工原理课程设计》(王要令、勒遵龙、洪坤,化学工业出版社,2016年,化工传递与单元操作课程射界),常见填料形状系数,开孔环 $\psi = 1.45$。

$$k_{\text{G}}a = k_{\text{G}} a_{\text{w}} \psi^{1.1} = 1.028 \times 10^{-5} \times 92.35 \times 1.45^{1.1}$$
$$= 0.001\,42\,\text{kmol} / (\text{m}^3 \cdot \text{s} \cdot \text{kPa})$$
$$k_{\text{L}}a = k_{\text{L}} a_{\text{w}} \psi^{0.4} = 5.6 \times 10^{-4} \times 92.35 \times 1.45^{0.4} = 0.06\,\text{s}^{-1}$$

由于

$$\frac{u}{u_{\text{F}}} = 0.777 > 0.5$$

需要按下式进行修正

$$k_{\text{G}}' a = k_{\text{G}} a \left[1 + 9.5 \left(\frac{u}{u_{\text{F}}} - 0.5 \right)^{1.4} \right]$$
$$= 0.001\,42 \times [1 + 9.5 \times (0.777 - 0.5)^{1.4}]$$
$$= 0.003\,65\,\text{kmol} / (\text{m}^3 \cdot \text{s} \cdot \text{kPa})$$

$$k_{\text{L}}' a = k_{\text{L}} a \left[1 + 2.6 \left(\frac{u}{u_{\text{F}}} - 0.5 \right)^{2.2} \right]$$
$$= 0.06 \times [1 + 2.6 \times (0.777 - 0.5)^{2.2}]$$
$$= 0.069\,\text{s}^{-1}$$

气相总传质系数为

$$\frac{1}{K_G a} = \frac{1}{k'_G a} + \frac{1}{H k'_L a} = \frac{1}{0.00365} + \frac{1}{0.0114 \times 0.069}$$

解得 $\qquad K_G a = 0.00064 \ \text{kmol} / (\text{m}^3 \cdot \text{s} \cdot \text{kPa})$

换算为

$$K_Y a = p K_G a = 101.325 \times 0.00064 = 0.064 \ \text{kmol} / (\text{m}^3 \cdot \text{s})$$

气相总传质高度

$$H_{OG} = \frac{V}{K_Y a \Omega} = \frac{0.1376}{0.064 \times 0.785 \times 2.2^2} = 0.566 \ \text{m}$$

填料层高度为 $\qquad Z = H_{OG} N_{OG} = 9.77 \times 0.566 = 5.53 \ \text{m}$

计算出填料层高度后，还应留出一定的安全系数，据设计经验，填料层的设计高度一般为

$$Z_0 = (1.2 \sim 1.5) \ Z \qquad\qquad (7\text{-}44)$$

取安全系数为 1.4，实际的填料层高度为

$$Z_0 = 5.53 \times 1.4 = 7.74 \ \text{m}$$

设计取填料层高度为 $Z_0 = 8 \ \text{m}$

对于阶梯环填料，填料层分段高度与塔径之比 $h / D = 8 \sim 15$，$h_{\max} \leqslant 6 \ \text{m}$，故需要对填料层进行分段，拟分为 2 段，则每段高度为 4 m，满足要求。

6）填料层压降

采用 Eckert 通用关联图计算填料层压降，横坐标值为

$$\frac{w_L}{w_V} \left(\frac{\rho_V}{\rho_L} \right)^{1/2} = \frac{135.39}{3.59} \times \left(\frac{1.165}{995.7} \right)^{1/2} = 1.29$$

阶梯环压降填料因子 $\phi = 116 \ \text{m}^{-1}$，液体密度校正系数 $\psi = 1.0$，则纵坐标值为

$$\frac{u^2 \phi \psi}{g} \frac{\rho_V}{\rho_L} \mu_L^{0.2} = \frac{0.8115^2 \times 116 \times 1.0}{9.81} \times \frac{1.165}{995.7} \times 0.8^{0.2} = 0.0087$$

查《化工原理》（第三版）下册，埃克脱通用关联图，得 $\Delta p / Z = 30 \ \text{mmH}_2\text{O} / \text{m}$，填料层总压降为

$$\Delta p = 30 \times 8 = 240 \ \text{mmH}_2\text{O} = 2354.4 \ \text{Pa}$$

2. 水吸收 SO_2 平衡

二氧化硫溶解于水中存在以下的反应

$$SO_2(g) + H_2O \rightleftharpoons H_2SO_3(aq)$$

$$H_2SO_3(aq) \rightleftharpoons HSO_3^-(aq) + H^+(aq)$$

$$HSO_3^-(aq) \rightleftharpoons SO_3^-(aq) + H^+(aq)$$

由于溶解在水体中 SO_2 有分子态的 SO_2（可近似表示为 H_2SO_3）、离子态 HSO_3^-、SO_3^{2-}，因此，溶液中溶解的 SO_2 总浓度可用式（7-45）表示

$$C_{SO_2,\ T} = C_{SO_2,aq} + C_{HSO_3^-,aq} + C_{SO_3^{2-},aq} \tag{7-45}$$

对于以上反应存在以下关系式

$$C_{SO_2,aq} = H \cdot P_{SO_2} \tag{7-46}$$

$$K_1 = \frac{C_{HSO_3^-,aq} \cdot C_{H^+,aq}}{C_{SO_2,aq}} \tag{7-47}$$

$$K_2 = \frac{C_{SO_3^{2-},aq} \cdot C_{H^+,aq}}{C_{HSO_3^-,aq}} \tag{7-48}$$

式中：P_{SO_2} ——气相中溶质的平衡分压，kPa；

H ——溶解度系数，$kmol/(m^3 \cdot kPa)$；

K_1 ——解离常数，$K_1 = 1.7 \times 10^{-2}$；

K_2 ——解离常数，$K_2 = 6.0 \times 10^{-8}$。

计算 SO_2 分压

$$\frac{P_{SO_2}}{P} = \frac{V}{V_0} = \frac{200 \times 10^{-6} \times 22.4}{64} = 7 \times 10^{-5}$$

$$P_{SO_2} = 7 \times 10^{-5} \times 101.325 = 7.09 \times 10^{-3} \text{ kPa}$$

$$H = 0.011\ 4 \text{ kmol}/(m^3 \cdot kPa)$$

$$C_{SO_2,aq} = 7.09 \times 10^{-3} \times 0.0114 = 0.081 \, mol/m^3$$

溶解于水的 SO_2 和反应生成的亚硫酸及各种电离产物，自气液界面向液相主体扩散传质，进入液相内部。

如果在上述过程中忽略水的电离和亚硫酸氢根的电离，且溶液中其他离子不存在时，则 $C_{HSO_3^-,aq} = C_{H^+,aq}$，于是有式（7-49）

$$K_1 = \frac{C_{HSO_3^-,aq}^2}{C_{SO_2,aq}} \qquad (7\text{-}49)$$

$$C_{HSO_3^-,aq} = \sqrt{K_1 \cdot C_{SO_2,aq}} = \sqrt{1.7 \times 10^{-2} \times 0.081} = 0.037 \, mol/m^3$$

$$C_{SO_2,T} = C_{SO_2,aq} + C_{HSO_3^-,aq} = 0.081 + 0.037 = 0.118 \, mol/m^3$$

烟气为 $10\,000 \, m^3/h$（标态），其中 SO_2 含量为 $200 \, mg/m^3$（标态），则吸收的 SO_2 量为

$$m = 10\,000 \times 200 = 2\,000 \, g/h$$

需要水量为

$$V = \frac{m}{C_{SO_2,T} \cdot M} = \frac{2\,000}{0.118 \times 64} = 265 \, m^3/h$$

以 SO_2 排放浓度限值 $80 \, mg/m^3$（标态），达标计算，则吸收的 SO_2 量为

$$m = 10\,000 \times (200 - 80) = 1\,200 \, g/h$$

需要水量为

$$V = \frac{m}{C_{SO_2,T} \cdot M} = \frac{1\,200}{0.118 \times 64} = 159 \, m^3/h$$

3. 填料塔内件计算与选型

1）液体分布器设计

（1）液体分布器选型。

选用溢流槽式液体分布器。

（2）分布点密度计算。

由于塔径较大，根据 Eckert 的推荐值，$D \geq 1\,200\,\text{mm}$ 时，喷淋点密度为 42 点/m^2，拟设计喷淋点密度为 130 点/m^2。

布液点数

$$n = 0.785 D^2 \times 130 = 0.785 \times 2.2^2 \times 130 = 494 \text{点}$$

按分布点和流量均匀的原则，进行布点设计。设计结果：二级槽共设 13 道，在槽侧面开孔，槽的宽度为 80 mm，槽的高度为 210 mm，两槽中心矩为 160 mm。分布点采用三角形排列，实际设计布点数为 n=490 点。

（3）孔径计算。

取孔流系数 $\varphi = 0.6$，开孔上方液位高度 $\Delta H = 0.16\,\text{m}$，溢流槽液体分布器孔径为

$$d_0 = \left(\frac{4w_{\text{L}}}{\rho_{\text{L}} \pi n \varphi \sqrt{2g\Delta H}} \right)^{1/2} = \left(\frac{4 \times 135.39}{995.7 \times 3.14 \times 490 \times 0.6 \times \sqrt{2 \times 9.81 \times 0.16}} \right)^{1/2}$$
$$= 0.018\,2\,\text{m} = 18.2\,\text{mm}$$

2）主要其他内件的选型

（1）液体再分布器。选用槽盘式液体再分布器。

（2）除雾器。选择丝网除雾器。

（3）填料支撑装置。选择栅板型填料支撑装置。

（4）填料压板。选择填料压紧栅板。

3）填料塔接管尺寸

根据《化工原理》（第三版）上册中"某些流体在管道中常用的流速范围表"可知，一般气体的流速范围为 10～20 m/s，水的流速范围为 1.5～3.0 m/s。

（1）气体管道。

取 $u_1 = 20\,\text{m/s}$。

$$d_1 = \sqrt{\frac{4V_{\text{T}}}{\pi u_1}} = \sqrt{\frac{4 \times 3.08}{3.14 \times 20}} = 0.443\,\text{m} = 443\,\text{mm}$$

根据GB/T 17395—2008，选用无缝钢管 $\phi\,473 \times 10\,\text{mm}$。

$$d_1' = 473 - 2 \times 10 = 453\,\text{mm}$$

管内实际流速

$$u_1' = \frac{V_T}{0.785d_1'^2} = \frac{3.08}{0.785 \times 0.453^2} = 19 \, \text{m/s}$$

（2）液体管道。

取 $u_2 = 3.0 \, \text{m/s}$。

$$d_2 = \sqrt{\frac{w_L}{0.785\rho_L u_2}} = \sqrt{\frac{135.39}{0.785 \times 995.7 \times 3.0}} = 0.240 \, \text{m} = 240 \, \text{mm}$$

根据GB/T 17395—2008，选用无缝钢管 $\phi 267 \times 8 \, \text{mm}$。

$$d_2' = 267 - 2 \times 8 = 251 \, \text{mm}$$

（3）管内实际流速。

$$u_2' = \frac{w_L}{0.785\rho_L d_2'^2} = \frac{135.39}{0.785 \times 995.7 \times 0.251^2} = 2.8 \, \text{m/s}$$

4）通风机的选型计算

（1）风量 Q_f。

取管网漏风附加系数为 10%，$k_1 = 1.1$；设备漏风附加系数为 5%，$k_2 = 1.05$。

$$Q_f = 1.1 \times 1.05 \times 11100 = 12820 \, \text{m}^3/\text{h}$$

（2）全压 p。

管道的总压力损失。取流体压力损失附加系数 $m = 1.15$，选用钢管（焊接）摩擦系数 $\lambda = 0.1$，选用 3 个圆弯管局部阻力系数为 0.15，管道长度 $L_n = 6 \, \text{m}$。气体的物性数据近似按空气处理，30℃空气的密度 $\rho = 1.165 \, \text{kg/m}^3$。

$$p_f = 1.15 \times \left(0.1 \times \frac{6000}{453} + 3 \times 0.15\right) \times \frac{19 \times 19 \times 1.165}{2} \times 9.8 = 4205 \, \text{Pa}$$

取管网压损附加率为 15%，$\alpha_1 = 1.15$；通风机全压负差系数，一般可取 $\alpha_2 = 1.05$。

$$p = (2354.4 \times 1.15 + 4205) \times 1.05 = 7258 \, \text{Pa}$$

（3）电动机功率 N。

拟选用9-19-No11.2D离心通风机，通风机的效率 $\eta_1 = 80\%$。电动机功率为 45 kW，故容量安全系数 $K_0 = 1.15$。传动方式为电动机直联，机械效率 $\eta_2 = 1.0$。

$$N=\frac{12\,820\times 7\,258\times 1.15}{1\,000\times 0.8\times 1.0\times 3\,600}=37.15\,\text{kW}$$

综上所述，选用9-19-No11.2D离心通风机，其性能详见表 7-4。

表 7-4　离心通风机性能

机号 No	传动方式	转速/（r/min）	流量/（m^3/h）	全压/Pa	内效率/%	所需功率/kW	电动机	
							型号	功率/kW
11.2	D	1 450	9 047～15 380	7 364～7 236	76.5～81	27.7～43.7	Y225M-4	45

4．填料吸收塔设计结果

填料吸收塔设计结果见表 7-5。

表 7-5　填料吸收塔设计结果

序号	项目	数值	序号	项目	数值
1	操作温度/℃	30	15	空塔气速/（m/s）	0.811 5
2	操作压力/kPa	101.325	16	喷淋密度/［m^3/（m^2·h）］	129.03
3	液相密度/（kg/m^3）	995.7	17	气相总传质高度/m	0.566
4	液相黏度/（mPa·s）	0.8	18	气相总传质单元数	9.77
5	SO_2在水中的扩散系数/（m^2/s）	1.88×10^{-9}	19	填料层高度/m	5.53
6	气相密度/（kg/m^3）	1.165	20	填料层实际高度/m	8
7	气相黏度/（mPa·s）	0.018 6	21	填料层安全系数	1.45
8	SO_2在空气中的扩散系数/（m^2/s）	1.15×10^{-5}	22	填料层压降/Pa	2 354.4
9	溶解度常数/［kmol/（m^3·kPa）］	0.011 4	23	填料类型	阶梯环
10	气体入塔流量/（m^3/h）	11 100	24	填料规格	DN38
11	液体入塔流量/（t/h）	487	25	填料材质	塑料
12	尾气 SO_2 含量（标态）/（mg/m^3）	10	26	液体分布器型式	溢流槽
13	SO_2吸收率/%	95	27	液体分布器点数	486
14	塔径/mm	2 200	28	液体分布器孔径/mm	18.3

7.2.4　固定床吸附器

1. 固定床吸附器的设计计算

根据《吸附法工业有机废气治理工程技术规范》（HJ 2026—2013），治理工程的处理能力应根据废气处理量确定，设计风量宜按照最大废气排放量的120%进行设计。

故本次设计风量

$$V = 1.2V_0 = 10\,000 \times 1.2 = 12\,000 \text{ m}^3(\text{标态})/\text{h}$$

$$Q = 12\,000 \times \frac{303}{273} \approx 13\,320 \text{ m}^3/\text{h}$$

1) 吸附区高度的计算

固定吸附床的气体流速范围一般为 $0.2 \sim 0.6 \text{ m/s}$。

拟取吸附床层， $B = L = 2.5 \text{ m}$

床层截面积

$$A = BL = 2.5 \times 2.5 = 6.25 \text{ m}^2$$

校核气体流速

$$v = \frac{Q}{3\,600A} = \frac{13\,320}{3\,600 \times 6.25} = 0.59 \text{ m/s}$$

气体流速合理。

拟取活性炭对二噁英的吸附效率为 90%，其吸附容量为 $n = 4.8 \times 10^{-8} \text{ kgTEQ/kg}$。

拟取活性炭使用周期为 3 个月，每月以 30 d 计算，则吸附时长 t

$$t = 3 \times 30 \times 24 = 2\,160 \text{ h}$$

在 t 时间内所要吸附二噁英的量为

$$12\,000 \times 2\,160 \times 2 \times 10^{-12} = 5.184 \times 10^{-5} \text{ kg-TEQ}$$

所需要活性炭的量

$$\frac{5.184 \times 10^{-5}}{4.8 \times 10^{-8} \times 0.9} = 1\,200 \text{ kg}$$

考虑装填损失，多取 10% 的装填量，所需吸附剂的量 W

$$W = 1\,200 \times 1.1 = 1\,320\,\text{kg}$$

所需活性炭的体积为

活性炭的堆积密度为 $\rho_p = 500\,\text{kg}/\text{m}^3$

$$V = \frac{1\,320}{500} = 2.64\,\text{m}^3$$

床层高度为

$$Z = \frac{V}{A} = \frac{2.64}{6.25} = 0.42\,\text{m}$$

取床层高度为 $Z = 0.45\,\text{m}$。

2）床层压降估算

用欧根公式估算吸附层的气流压力损失

$$\Delta p = \left[\frac{150(1-\varepsilon)}{Re_p} + 1.75 \right] \frac{(1-\varepsilon)}{\varepsilon^3 d_p} \frac{v^2 \rho}{} Z \qquad (7\text{-}50)$$

式中：Δp——气流通过吸附剂床层的压力损失，Pa；

$\quad\quad \varepsilon$——吸附剂床层的孔隙率；

$\quad\quad d_p$——吸附剂颗粒的平均直径，m；

$\quad\quad \rho$——气体密度，kg/m^3；

$\quad\quad Re_p$——气体通过吸附剂的粒子雷诺数。

查 30℃、101.325 Pa 条件下的气体密度 $\rho = 1.165\,\text{kg}/\text{m}^3$，$\mu = 1.86 \times 10^{-5}\,\text{Pa}\cdot\text{s}$。
活性炭 $d_p = 0.003\,\text{m}$，$\varepsilon = 0.4$。

$$Re_p = \frac{d_p \rho v}{\mu} = \frac{3 \times 10^{-3} \times 1.165 \times 0.59}{1.86 \times 10^{-5}} = 111$$

$$\Delta p = \left[\frac{150 \times (1-0.4)}{111} + 1.75 \right] \times \frac{(1-0.4) \times 0.59^2 \times 1.165}{0.4^3 \times 3 \times 10^{-3}} \times 0.45 = 1\,460\,\text{Pa}$$

式中：μ——气体黏度，Pa·s。

该压降可以接受，不用对吸附床层厚度进行调整。

2. 风机的选型

1）管道直径计算

取通风管 $D=600\,mm$，故通风管截面积为

$$A=\frac{3.14\times0.6\times0.6}{4}=0.283\,m^2$$

校核风速

$$u=\frac{Q}{A}=\frac{13\,320}{0.283\times3\,600}=13.1\,m/s$$

工业通风管道内的风速为6~14 m/s，故风速合理。

2）管道的总压力损失

取流体压力损失附加系数 $m=1.15$，选用钢管（焊接）摩擦系数 $\lambda=0.1$，选用3个圆弯管局部阻力系数为 0.15，管道长度 $L_n=2.5\,m$。气体的物性数据近似按空气处理，30℃空气的密度 $\rho=1.165\,kg/m^3$。

$$p_f=1.15\times\left(0.1\times\frac{2\,500}{600}+3\times0.15\right)\times\frac{13.1\times13.1\times1.165}{2}\times9.8=976\,Pa$$

3）通风机的选型计算

（1）风量 Q_f。

取管网漏风附加系数为 10%，$k_1=1.1$；设备漏风附加系数为 5%，$k_2=1.05$。

$$Q_f=1.1\times1.05\times13\,320=15\,385\,m^3/h$$

（2）全压 p。

取管网压损附加率为 15%，$\alpha_1=1.15$；通风机全压负差系数，一般可取 $\alpha_2=1.05$。

$$p=(976\times1.15+1\,460)\times1.05=2\,712\,Pa$$

（3）电动机功率 N。

拟选用4-72-No6C离心风机，风机的效率 $\eta_1=85\%$。电动机功率为18.5 kW，故容量安全系数 $K_0=1.3$。传动方式为电动机直联，机械效率 $\eta_2=1.0$。

$$N=\frac{15\,385\times2\,712\times1.3}{1\,000\times0.85\times1.0\times3\,600}=17.73\,kW$$

综上所述，选用4-72-No6C离心风机，其性能详见表 7-6。

表 7-6　离心风机性能

机号 No	传动方式	转速/ (r/min)	全压/ Pa	风量/ (m³/h)	选用件							
					电动机		三角皮带			风机滑轮	电机槽轮	电机滑轨(2套)
					型号	功率/ kW	型号	根数	带号	代号	代号	代号
6	C	2 240	2 727~ 1 883	10 600~ 19 600	Y180M-4	18.5	B	5	112	45-B5-240	48-B5-370	05.0500

3. 固定床吸附器设计结果

固定床吸附器设计结果见表 7-7。

表 7-7　固定床吸附器设计结果

设计参数	参数	设计参数	参数
吸附器	固定床吸附器	吸附剂	活性炭
空塔气速/ (m/s)	0.59	堆积密度/ (kg/m³)	500
吸附床层/m	2.5×2.5	孔隙率	0.4
床层高度/m	0.45	粒径/mm	3
吸附剂的量/kg	1 320	吸附容量/ (kg TEQ/kg)	$4.8×10^{-8}$
风机型号	4-72-No6C	床层压降/Pa	1 460

7.2.5　烟囱高度计算

烟气采用烟囱进行排放时，由于烟囱出口烟气具有一定的初始动量和烟气温度高于周围气温而产生一定的浮力，会导致烟气具有一定的抬升高度。这相当于增加了烟囱的几何高度。因此，烟囱的有效高度 H 应为烟囱的几何高度 H_s 与烟气抬升高度 ΔH 之和，即

$$H = H_s + \Delta H \tag{7-51}$$

式中：H——烟囱的有效高度，m；

　　　H_s——烟囱的几何高度，m；

　　　ΔH——烟气抬升高度，m。

1. 烟囱的有效高度

1）烟囱的几何高度

根据《大气污染物综合排放标准》（GB 16297—1996），新污染源的排气筒一

般不应低于15 m。综合考虑，本次设计烟囱的几何高度 $H_s = 15\,\mathrm{m}$。

2）烟囱出口内径

考虑20%的冷风抽入量，则 $q_v = 120\% \times 11\,100 = 13\,320\,\mathrm{m^3/h} = 3.7\,\mathrm{m^3/s}$。

根据《大气污染治理工程技术导则》（HJ 2000—2010），排气筒的出口直径应根据出口流速确定，流速宜取 15 m/s 左右。故取烟气出口流速 $u_0=15$ m/s。

$$D = \sqrt{\frac{4q_v}{\pi u_0}} = \sqrt{\frac{4 \times 3.7}{3.14 \times 15}} = 0.56\,\mathrm{m}$$

3）烟气抬升高度

根据本次设计所参考地址，位于平原农村，取环境温度 $T_a = 283\,\mathrm{K}$，大气压力 $p_a = 1\,013.2\,\mathrm{hPa}$，风速 $v = 1.8\,\mathrm{m/s}$。

$$Q_h = 0.35 p_a q_v \frac{\Delta T}{T_s} \tag{7-52}$$

$$\Delta T = T_s - T_a \tag{7-53}$$

当 $Q_h \leqslant 1\,700\,\mathrm{kJ/s}$ 或者 $\Delta T < 35\,\mathrm{K}$ 时，

$$\Delta H = 2(1.5 u_0 D + 0.01 Q_h)/u$$

式中：T_s——烟气出口温度，K；

u_0——烟囱出口流速，m/s；

D——烟囱出口直径，m；

Q_h——烟气热释放率，kJ/s；

u——烟囱出口处的平均风速，m/s。

$$\Delta T = 303 - 283 = 20\,\mathrm{K} < 35\,\mathrm{K}$$

$$Q_h = 0.35 \times 1\,013.2 \times 3.7 \times \frac{20}{303} = 86.61\,\mathrm{kJ/s} < 1\,700\,\mathrm{kJ/s}$$

由于位于平原农村地区，稳定度为 D，$m = 0.15$

$$u = v\left(\frac{H}{10}\right)^{0.15} = 1.8 \times \left(\frac{15}{10}\right)^{0.15} = 1.91\,\mathrm{m/s}$$

$$\Delta H = \frac{2 \times (1.5 \times 15 \times 0.56 + 0.01 \times 86.61)}{1.91} = 14.1\,\mathrm{m}$$

4）烟囱的有效高度

$$H = 15 + 14.1 = 29.1 \text{ m}$$

2. 烟囱高度校核

$$\sigma_z \big|_{x=x_{\rho_{max}}} = \frac{H}{\sqrt{2}} = \frac{29.1}{\sqrt{2}} = 20.58 \text{ m}$$

由于平原地区农村，稳定度为 D，需向不稳定方向提半级后，进行计算。可查得 $\alpha_1 = 0.926\,849$，$\gamma_1 = 0.143\,940$，$\alpha_2 = 0.838\,628$，$\gamma_2 = 0.126\,152$

$$\sigma_z = \gamma_2 x^{\alpha_2} \tag{7-54}$$

$$\sigma_y = \gamma_1 x^{\alpha_1} \tag{7-55}$$

代入计算

$$x_{\rho_{max}} = 434.8 \text{ m}$$

$$\sigma_y = 40.131 \text{ m}$$

根据《生活垃圾焚烧污染控制标准》（GB 18488—2014）规定，标态下 SO_2 的最高允许排放浓度为 $80 \text{ mg} / \text{m}^3$，转为工况排放浓度为 $72.08 \text{ mg} / \text{m}^3$，则 SO_2 的工况排放浓度为

$$Q = 72.08 \text{ mg} / \text{m}^3 \times 11\,100 \text{ m}^3 / \text{h} = 8 \times 10^5 \text{ mg} / \text{h} = 222 \text{ mg} / \text{s} = 0.222 \text{ g} / \text{s}$$

地面最大浓度

$$\rho_{max} = \frac{2Q}{\pi u H^2 e} \cdot \frac{\sigma_z}{\sigma_y} = \frac{2 \times 0.222}{3.14 \times 1.91 \times 29.1^2 \times 2.7} \times \frac{20.58}{40.130\,7} = 1.66 \times 10^{-5} \text{ g} / \text{m}^3$$

$$= 1.66 \times 10^{-2} \text{ mg} / \text{m}^3$$

根据《环境空气质量标准》（GB 3095—2012），二类环境空气功能区质量要求，SO_2 的 24 h 平均浓度限值为 $0.15 \text{ mg} / \text{m}^3$。

空气中原有的 SO_2 浓度为 $2 \times 10^{-2} \text{ mg} / \text{m}^3$，则

$$\rho = 0.15 - 0.02 = 0.13 \text{ mg} / \text{m}^3$$

设计满足要求。

7.2.6 工艺设计图

见附图 5～附图 11。

参考文献

[1] 金毓崟，李坚，孙治荣. 环境工程设计基础[M]. 北京：化学工业出版社，2002.

[2] 陈杰榕，周琪，蒋文举. 环境工程设计基础[M]. 北京：高等教育出版社，2007.

[3] 陈学民. 环境评价概论[M]. 北京：化学工业出版社，2011.

[4] 李国鼎. 环境工程[M]. 北京：中国环境科学出版社，1990.

[5] 梁仁彩. 化学工业布局概论[M]. 北京：科学出版社，1982.

[6] 郝吉明，马广大，王书肖. 大气污染控制工程[M]. 3 版. 北京：高等教育出版社，2010.

[7] 《中国环境管理制度》编写组. 中国环境管理制度[M]. 北京：中国环境科学出版社，1991.

[8] 高廷耀，顾国维，周琪. 水污染控制工程[M]. 3 版. 北京：高等教育出版社，2007.

[9] 王爱明，张云新. 环保设备及应用[M]. 北京：化学工业出版社，2004.

[10] 张自杰. 环境工程手册：水污染防治卷[M]. 北京：化学工业出版社，2002.

[11] 张自杰. 排水工程（下册）[M]. 北京：中国建筑工业出版社，2000.

[12] 曾科，卜秋平，陆少鸣. 污水处理厂设计与运行[M]. 北京：化学工业出版社，2001.

[13] 刘小年. 机械设计制图简明手册[M]. 北京：机械工业出版社，2001.

[14] 陈声宗. 化工设计[M]. 北京：化学工业出版社，2001.

[15] 国家环境保护局. 建材工业废气治理[M]. 北京：中国环境科学出版社，1993.

[16] 钟秦. 燃煤烟气脱硫脱硝技术及工程实例[M]. 北京：化学工业出版社，2002.

[17] 朱世勇. 环境与工业气体净化技术[M]. 北京：化学工业出版社，2001.

[18] 金晶. 火电厂烟气脱硫工艺的选择[J]. 电力环境保护，2001（1）：28-29.

[19] 建设部国家发展计划委员会. 城市污水处理工程项目建设标准[M]. 修订版. 北京：中国计划出版社，2001.

[20] 雷仲存. 工业脱硫技术[M]. 北京：化学工业出版社，2001.

[21] 郝吉明，王书肖，陆永琪. 燃煤二氧化硫污染控制手册[M]. 北京：化学工业出版社，2001.

[22] 王沼文，杨景玲. 环保设备材料手册[M]. 北京：冶金工业出版社，2000.

[23] 杨丽芬，李友琥. 环保工作者实用手册[M]. 2 版. 北京：冶金工业出版社，2001.

[24] 周志安，尹华杰，魏新利. 化工设备设计手册[M]. 北京：化学工业出版社，1996.

[25] 李颖，李英，吴菁. 环境工程 CAD[M]. 2 版. 北京：机械工业出版社，2013.

[26] 潘理. 环境工程 CAD 应用技术[M]. 2 版. 北京：化学工业出版社，2012.

[27] 李红术. 中文版 SketchUp 草图绘制技术精粹[M]. 北京：清华大学出版社，2016.

[28] 童华. 环境工程设计[M]. 北京：化学工业出版社，2008.

附录 1 AutoCAD 快捷键

表 1 常用功能键

快捷键	命令	快捷键	命令
F1	获取帮助	F7	栅格显示模式控制
F2	实现作图窗口和文本窗口的切换	F8	正交模式控制
F3	控制是否实现对象自动捕捉	F9	栅格捕捉模式控制
F4	数字化仪控制	F10	极轴模式控制
F5	等轴测平面切换	F11	对象追踪模式控制
F6	控制状态行上坐标的显示方式		

表 2 常用 Ctrl、Alt 快捷键

快捷键	命令	快捷键	命令
Alt+TK	如快速选择	Ctrl+O	打开图像文件
Alt+NL	线性标注	Ctrl+P	打开打印对话框
ALT+ W4	快速创建四个视口	Ctrl+S	保存文件
Alt+MUP	提取轮廓	Ctrl+U	极轴模式控制（F10）
Ctrl+B	栅格捕捉模式控制（F9）	Ctrl+V	粘贴剪贴板上的内容
Ctrl+C	将选择的对象复制到剪切板上	Ctrl+W	对象追踪式控制（F11）
Ctrl+F	控制是否实现对象自动捕捉（F3）	Ctrl+X	剪切所选择的内容
Ctrl+G	栅格显示模式控制（F7）	Ctrl+Y	重做
Ctrl+J	重复执行上一步命令	Ctrl+Z	取消前一步的操作
Ctrl+K	超级链接	Ctrl+1	打开特性对话框
Ctrl+N	新建图形文件	Ctrl+2	打开图像资源管理器
Ctrl+M	打开选项对话框	Ctrl+3	打开工具选项板
Ctrl+8 或 QC	快速计算器	Ctrl+6	打开图像数据原子
Ctrl+P	打开打印对话框	Ctrl+8 或 QC	快速计算器

表 3 尺寸标注快捷键

快捷键	命令	快捷键	命令
DRA	半径标注	AP	加载*lsp 程系
DDI	直径标注	AV	打开视图对话框（dsviewer）
DAL	对齐标注	SE	打开对象自动捕捉对话框
DAN	角度标注	ST	打开字体设置对话框（style）
END	捕捉到端点	SO	绘制二维面（2d solid）
MID	捕捉到中点	SP	拼音的校核（spell）
INT	捕捉到交点	SC	缩放比例（scale）
CEN	捕捉到圆心	SN	栅格捕捉模式设置（snap）
QUA	捕捉到象限点	DT	文本的设置（dtext）
TAN	捕捉到切点	DI	测量两点间的距离
PER	捕捉到垂足	OI	插入外部对象
NOD	捕捉到节点	RE	更新显示
NEA	捕捉到最近点	RO	旋转
AA	测量区域和周长（area）	LE	引线标注
ID	指定坐标	ST	单行文本输入
LI	指定集体（个体）的坐标	LA	图层管理器

表 4 绘图命令快捷键

快捷键	命令	快捷键	命令
A	绘圆弧	J	对接
B	定义块	S	拉伸
C	画圆	T	多行文本输入
D	尺寸资源管理器	W	定义块并保存到硬盘中
E	删除	L	直线
F	倒圆角	M	移动
G	对相组合	X	炸开
H	填充	V	设置当前坐标
I	插入	U	恢复上一次操作
P	移动	O	偏移
Z	缩放	P	移动

表 5 修改命令快捷键

快捷键	命令	快捷键	命令
CO	COPY （复制）	S	STRETCH （拉伸）
MI	MIRROR （镜像）	LEN	LENGTHEN （直线拉长）
AR	ARRAY （阵列）	SC	SCALE （比例缩放）
O	OFFSET （偏移）	BR	BREAK （打断）
RO	ROTATE （旋转）	CHA	CHAMFER （倒角）
M	MOVE （移动）	F	FILLET （倒圆角）
E	ERASE （删除）	PE	PEDIT （多段线编辑）
X	EXPLODE （分解）	ED	DDEDIT （修改文本）
TR	TRIM （修剪）	EX	EXTEND （延伸）

表 6 视窗缩放快捷键

快捷键	命令	快捷键	命令
P	PAN（平移）	Z+P	返回上一视图
Z+空格+空格	实时缩放	Z+E	显示全图
Z	局部放大	Z+W	显示窗选部分

附录 2　SketchUp 常用快捷键

草图大师常用快捷键

快捷键	命令	快捷键	命令
B	材质	A（起点中点圆弧）	圆弧
E	橡皮擦	M	移动
L	直线工具	P	推拉
R	矩形	Q	旋转
C	圆	F	偏移
S	缩放	T	卷尺
Z	缩放相机视野	Ctrl+C	复制
Ctrl+Z	剪切	Ctrl+V	粘贴

附　图

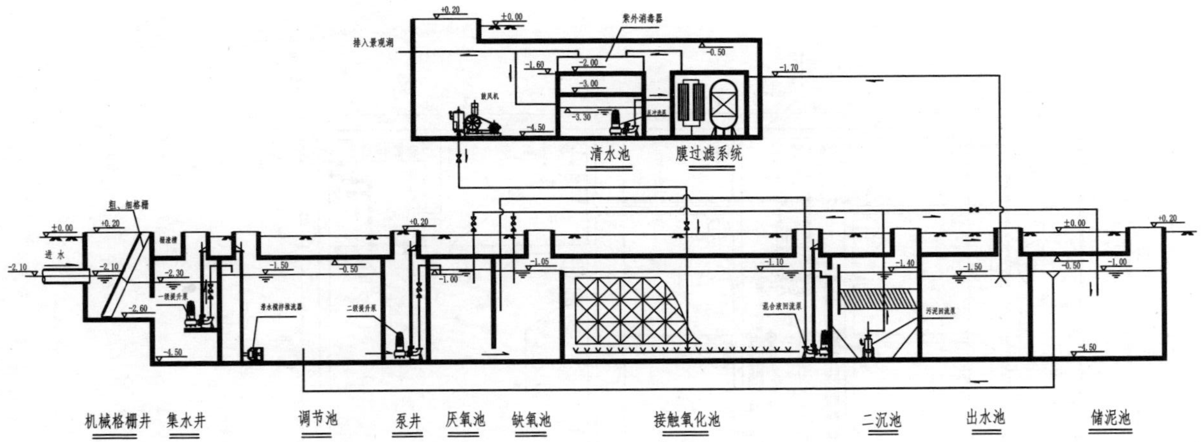

工艺流程图

技术说明：

1. 图中除标高以m计外，其余尺寸均以mm计；
2. 本设计中所有标高均以地面（草坪底部）为临界标高；
3. 管路标高以管底标高为准。

				工程名称		
审　定		设　计		工艺流程图	设计号	
审　核		制　图			图　号	
项目负责		描　图			阶　段	
专业负责		校　核			专　业	
					比　例	
					日　期	

附图1　污水处理工艺流程

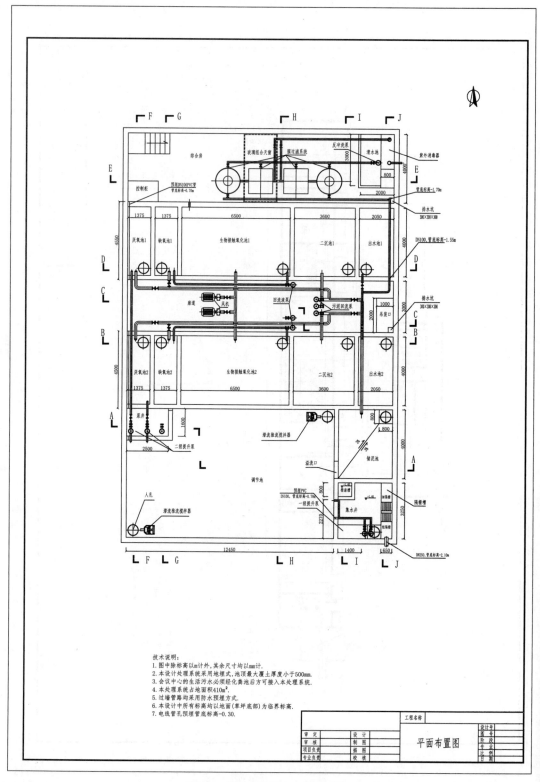

技术说明:
1. 图中除标高以m计外,其余尺寸均以mm计.
2. 本设计处理系统采用地埋式,池顶最大覆土厚度小于500mm.
3. 会议中心的生活污水必须经化粪池后方可接入本处理系统.
4. 本处理系统占地面积410m².
5. 过墙管路均采用防水预埋方式.
6. 本设计中所有标高均以地面(草坪底部)为临界标高.
7. 电线管孔预埋管底标高-0.30.

工程名称				设计号	
审 定		设 计		图 号	
审 核		制 图		阶 段	
项目负责		描 图		专 业	平面布置图
专业负责		校 核		比 例	
				日 期	

附图2 污水处理工艺平面布置

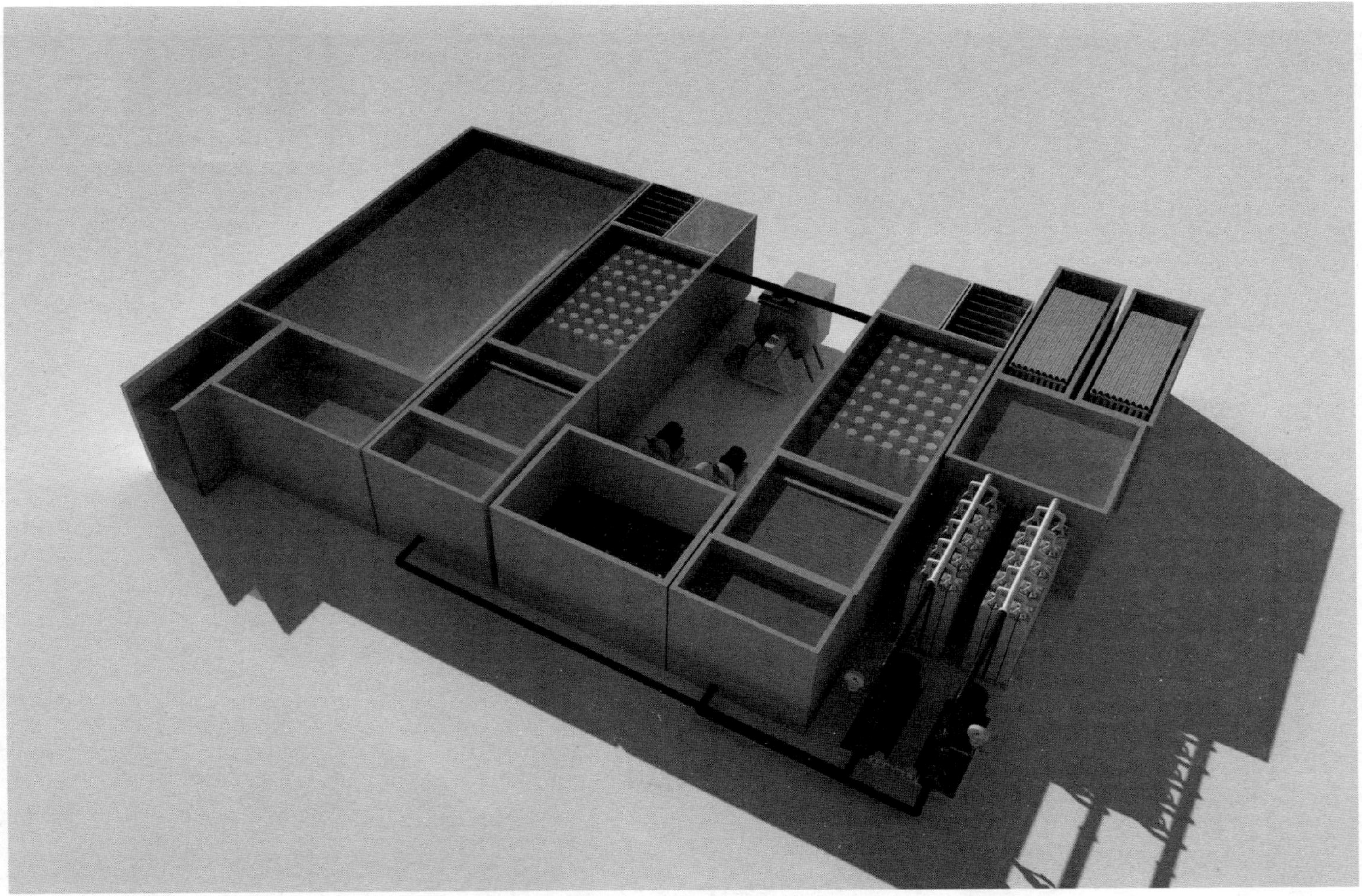

附图3　污水处理构筑物结构

附图4 污水处理工艺效果

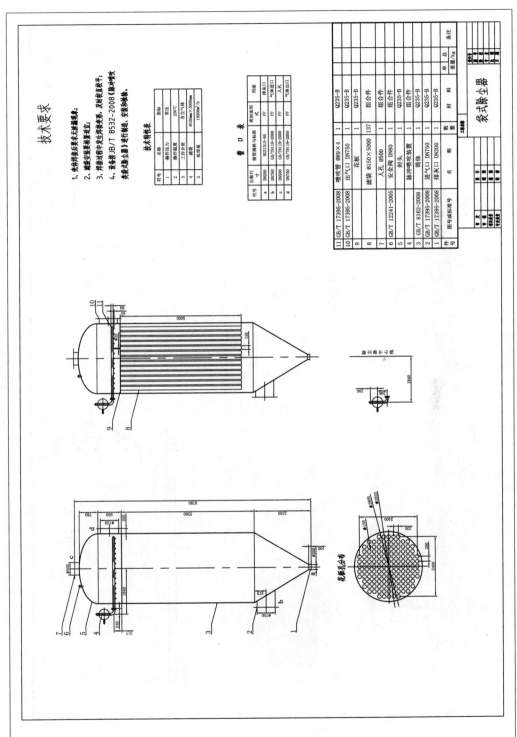

技术要求

1、充料装配后要求无泄漏现象；
2、滤袋安装要紧固平；
3、焊缝通过中变化焊接水势，及时校直校平；
4、设备按JB/T 8532-2008《脉冲袋式除尘器》进行制造、安装和检验。

技术特表

符号	名称	指标
1	操作压力	常压
2	操作温度	250℃
3	工作介质	含尘气体
4	滤袋	Φ150mm×5000mm
5	处理量	19000m³/h

管口表

代号	公称尺寸	连接标准与标准	密封面形式	用途
a	DN200	HZ21519-95	FF	排灰口
b	DN750	GB/T79119-2000	FF	气体进口
c	DN500	GB/T79119-2000	FF	人孔
d	DN750	GB/T79119-2000	FF	气体出口

11	GB/T 17395-2008	喷吹管 Φ89×4	1		Q235-B	
10	GB/T 17395-2008	出气口 DN750	1		Q235-B	
9		花板	1		组合件	
8		滤袋 Φ150×5000	137		组合件	
7	GB/T 12241-2005	人孔 Φ500	1		组合件	
6		安全阀 DN80	1		Q235-B	
5		封头	1		组合件	
4		脉冲喷吹装置	1		Q235-B	
3	GB/T 8162-2008	筒体	1		Q235-B	
2	GB/T 17395-2008	进气口 DN750	1		Q235-B	
1	GB/T 17395-2008	排灰口 DN200	1		Q235-B	
件号	图号或标准号	名 称	数量		材 料	单件 总重 备注 重量/kg

袋式除尘器

附图5 脉冲袋式除尘器

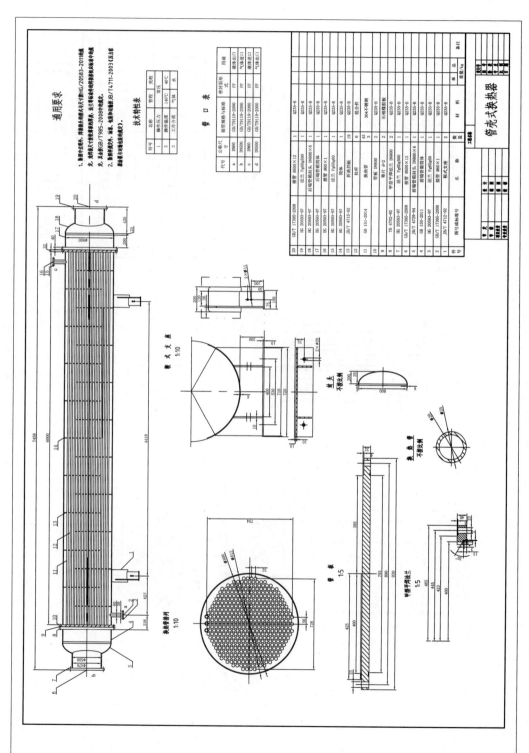

附图6　管壳式换热器

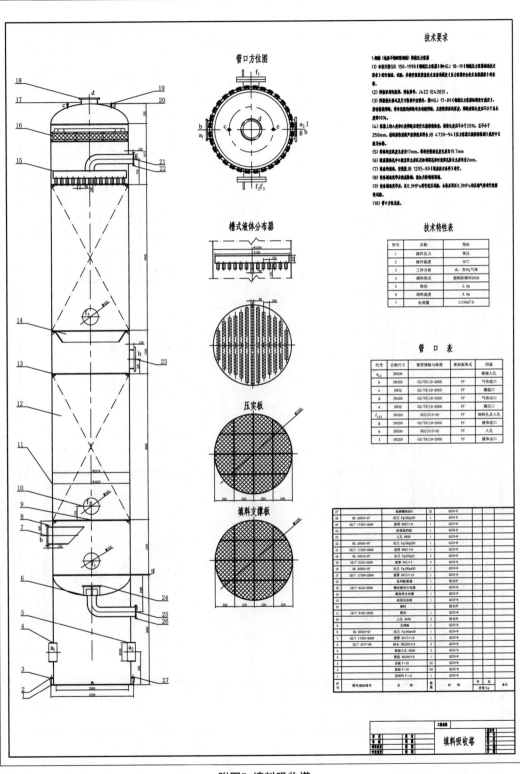

附图7 填料吸收塔

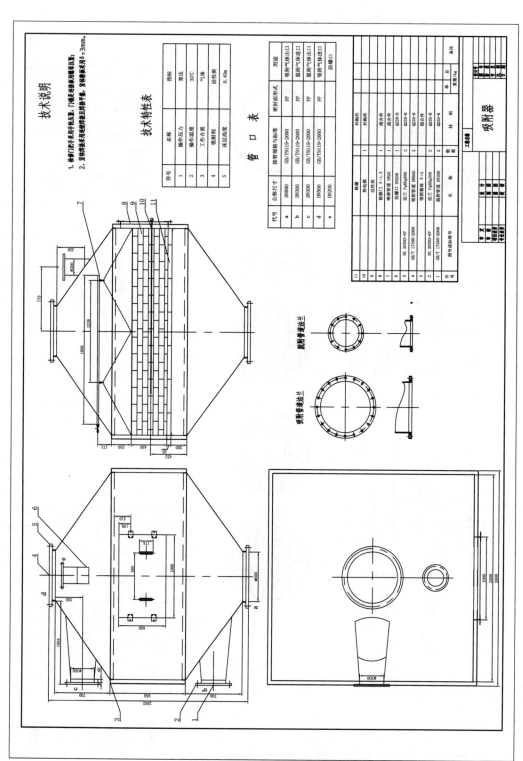

技术说明

1. 本设备门采用手孔装置，门锁关闭表面要保证密封；
2. 室内封头焊处要保留焊接且焊接保证。室焊板厚度δ=3mm。

技术特性表

符号	名称	指标
1	操作压力	常压
2	操作温度	30℃
3	工作介质	气体
4	吸附剂	活性炭
5	床层高度	0.45m

管 口 表

代号	公称尺寸	接管规格与标准	密封面形式	用途
a	DN600	GB/T9119-2000	FF	吸附气体出口
b	DN300	GB/T9119-2000	FF	脱附气体进口
c	DN300	GB/T9119-2000	FF	脱附气体出口
d	DN500	GB/T9119-2000	FF	吸附气体进口
e	DN200			防爆口

11						
10						
9	充电偶		1	外购件		
8	活性炭		1	外购件		
7	绝热门8=1.5		1	组合件	Q235-B	
6	吸附道 DN200		1	组合件	Q235-B	
5	法兰 PyeHg600	HG 20593-97	1	组合件	Q235-B	
4	吸附管道 DN600	GB/T 17396-2008	2	组合件	Q235-B	
3	吸附简体 8×3		2	组合件	Q235-B	
2	法兰 PyeHg300	HG 20593-97	2	组合件	Q235-B	
1	脱附管道 DN300	GB/T 17396-2008	2	组合件	Q235-B	
序号	名称	图号或标准号	数量	材料	单件 / 总重	备注

吸附器

附图8 固定吸附器

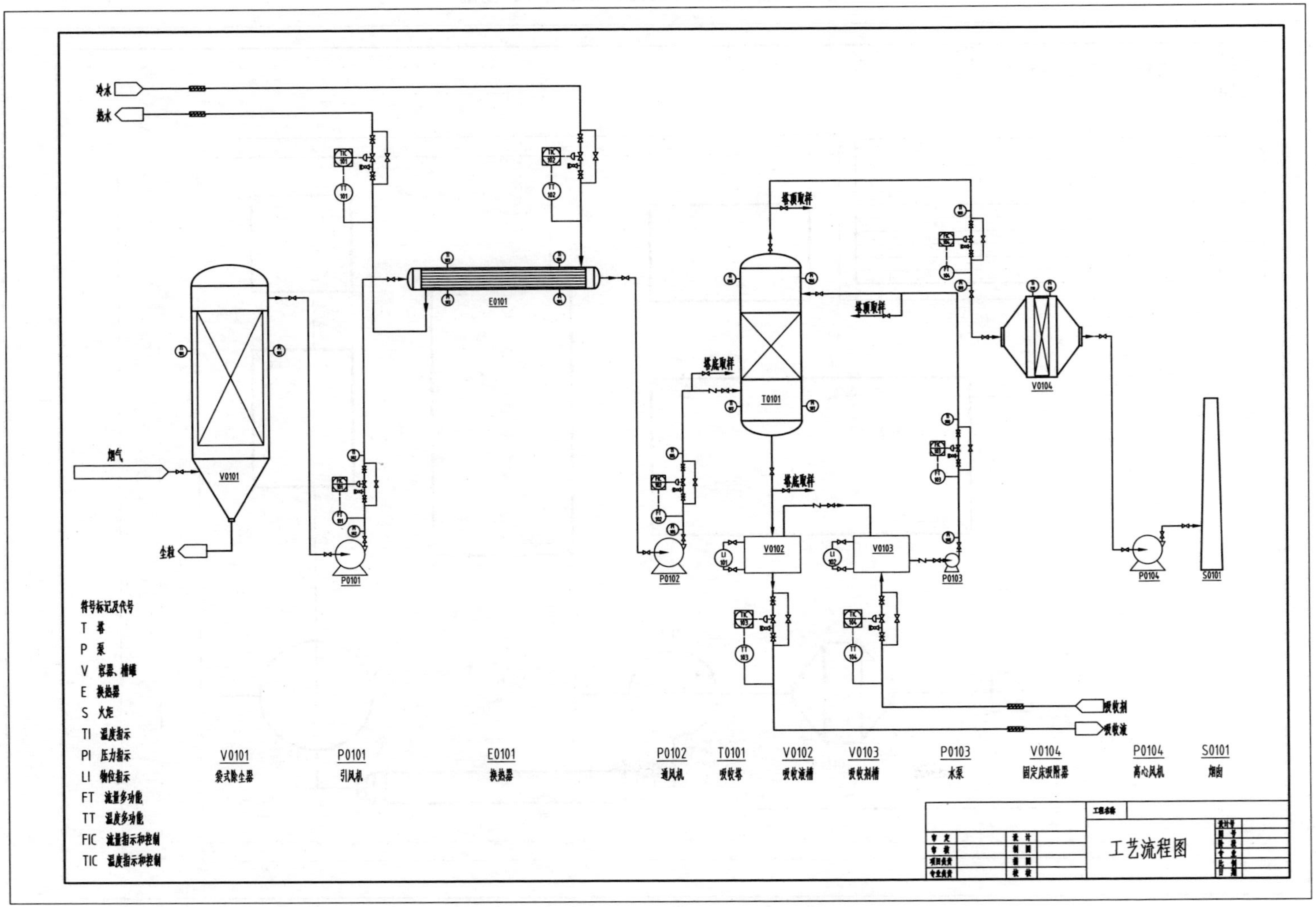

附图9　烟气除尘脱硫工程设计流程

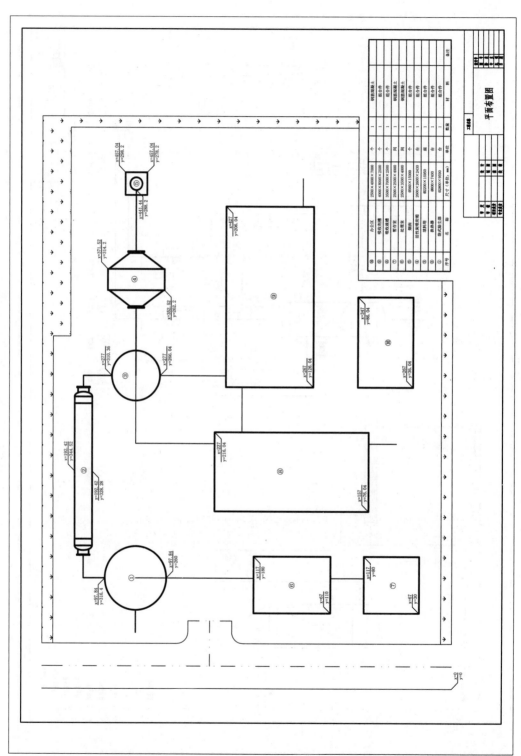

附图10 烟气除尘脱硫工程设计平面布置

附图11　烟气除尘脱硫工程设计效果